신비, 성실, 모험의 제주 전통 경관

제주학연구센터 제주학 총서 40

신비, 성실, 모험의 제주 전통 경관

초판 1쇄 발행 **2019년 11월 30일**

지은이   **데이비드 네메스**
옮긴이   **권상철**

펴낸이   **김선기**
펴낸곳   **(주)푸른길**
출판등록   **1996년 4월 12일 제16-1292호**
주소   **(08377) 서울시 구로구 디지털로 33길 48 대륭포스트타워 7차 1008호**
전화   **02-523-2907, 6942-9570~2**
팩스   **02-523-2951**
이메일   **purungilbook@naver.com**
홈페이지   **www.purungil.co.kr**

ISBN   **978-89-6291-843-4 93980**

• 이 도서의 국립중앙도서관 출판예정도서목록(CIP)은 서지정보유통지원시스템 홈페이지(http://seoji.nl.go.kr)와 국가자료공동목록시스템(http://www.nl.go.kr/kolisnet)에서 이용하실 수 있습니다.(CIP제어번호: CIP2019047389)

* 이 책의 출판비 일부는 제주특별자치도 제주학연구센터의 지원을 받았습니다.

제주학연구센터 제주학 총서 40

신비, 성실, 모험의 제주 전통 경관

푸른길

2006년 8월 2일, 국제작은섬학회(International Small Islands Studies Association, ISISA) 집행위원회는 2008년 여름(8월 26~28일) 소규모 섬들의 쟁점과 문제를 연구하는 학자, 전문가, 활동가들이 모이는 학회를 한국의 제주도에서 개최하기로 결정했다.

이 학회의 제목은 섬의 주제를 반영해 '제10회 국제작은섬학회: 세계화 속의 섬−지속가능한 문화, 평화 그리고 자원'으로 설정했다. 학회의 주최 측은 200명의 발표자와 600명의 참가자가 모일 것으로 기대했다.

2007년 필자는 제주학회의 조직위원회 대표와 핵심 주최자(제주대학교 고창훈, 권상철 교수)에게 연락해 '한라산의 재발견, 성실, 신비 그리고 모험의 제주도 전통 경관: 2008년 제10회 국제섬학회 축하 특별판(Rediscovering Hallasan, Jeju Island's Traditional Landscapes of Sincerity, Mysticism and Adventure: A Special Publication to Celerbrate the 2008 Islands of the World X (ISISA) Conference)'이라는 가제로 참가자들을 위한 안내서를 제작하고 싶다고 제안했다. 이 안내서는 필자가 이전에 출간한 제주도의 변화하는 문화경관에 초점을 맞춘 전통문화와 역사를 다룬 여러 편의 글을 수정, 보완하여 편집본으로 만드는 것이었다. 필자는 이 안내서를 학회 홈페이지에 게시해 온라인으로 볼 수 있게 하고, 학회가 끝나면 인쇄본으로 출간하자고 제안했다.

이 제안이 받아들여져, 2007년 가을 안내서를 만들어 디지털 파일로 고창
훈 교수에게 전달했다. 2008년 늦은 봄, 안내서는 국제작은섬학회 홈페이
지에 탑재되었고, 제주학회 홈페이지에서 학회 전부터 학회 기간 그리고 이
후 2008년 말까지 링크를 통해 서버에 접속해 볼 수 있어 제주도 안내서의
역할을 했다. 그러나 그 이후 안내서는 인터넷에서 사라지고 인쇄본도 출간
되지 못했다.

제주학회의 '제주 안내서'는 학회 이후 접할 수 없게 되어, 필자는 일반인
들이 이 책자를 온라인으로 접할 수 있게 할 목적으로 2008년 원고를 새롭
게 재구성하였다.

2012년 7월
데이비드 네메스

신비, 성실, 모험의
제주 전통 경관

제1부
신비

제1장
빛의 전당[1]

　신비로운 한라산에 대한 가장 만족스러운 논의는 이 지역에 드러난 풍수 우주관의 의미를 파악하는 것으로 시작하여 그것으로 끝날 것 같다. 이 논의는 '돌하르방'을 포함하며 아마도 돌하르방으로 시작할 듯한데(제2장), 이후 이어지는 논의는 너무 광범위해 결론이 느슨하고 정리가 되지 않아 토론자들은 다시 처음으로 돌아가곤 한다. 한라산의 타원형 경관을 돌아보는 것은 힘들지만 시도해 볼 만한 경험이다. 누구든 멀리 떨어진 버스 정거장에서 내려 사람들이 잘 다니지 않는 그물 모양의 길을 걸으며 과거를 돌아보지 않고서는 진정한 한라산을 '발견'할 수 없다.

　서구 관광객이나 한국의 육지 사람들은 전통에 젖은 지역 주민들처럼 한라산을 '하늘의 숨결을 이어 주는 통로'로 생각하기 쉽지 않다. 과학적인 교

---

1) 이 글은 1981, "Bright Yard Maps from Cheju Island(제주도의 명당 지도)," *Landscape*, 25(2), 20-21을 수정하여 새롭게 작업한 것이다.

육을 받은 사람들은 대다수가 한라산은 쉬고 있거나 아마 죽은화산일 것이라는 의견을 받아들인다. 그러나 지역 풍수의 관점으로 보면 한라산은 죽지 않았고 가능성을 가진 채 영원히 살아 있다.

이 장은 심오한 풍수 우주관의 복잡함과 치밀하게 얽힌 색다른 이론 및 실천을 알리는 것이 아니라, 거의 인지하지 못했던 풍수 실천의 결과물인 제주도의 풍수 지도를 흥미로운 문화유물로 소개하려고 한다.

많은 고대 풍수 지도들은 수백 년 전의 것으로, 적지 않은 제주 원주민 가족들에게 가장 소중한 가보 중 하나이다. 그러나 남들이 가지 않는 길을 찾는 관광객이 풍수 지도에 그려진 장소를 방문해 그곳에서 스스로 그 지도를 제작한 지관(地官)의 사고 속으로 들어가 보고자 한다면 구해서 사용해 볼 수 있다. 한라산으로의 계몽된 '우주' 관광을 홍보하기 위해 아래에서 몇 개의 지도를 제시할 것이다.

이 장은 한라산의 신비로운 풍수 지형을 보여 주는 고지도 몇 장으로 구성되어 있다. 필자는 오래전에 최초로 조사한 풍수 터를 포함하고 있는 몇몇의 지도를 이 지역을 정확하게 찍은 항공사진과 비교해 보았다. 이러한 근대적 방법을 사용할 수 있는 한라산 방문객은 세상을 옛 풍수 방식으로 대안적으로 보는 색다른 실습을 통해 풍수 터를 찾을 수 있을 것이다.

돌 많고 강한 바람에 노출되어 있는 제주도는 한국의 모든 지역 중 가장 한국적이지 않다. 그러나 육지부와 제주 사람은 모두 하늘의 숨결이 산을 통해 땅으로 내려오고 숨겨진 장소에서 소용돌이친다고 믿는다. 이러한 영적인 힘이 모여드는 선호되는 장소는 각각 명당자리로 불리는데, '빛의 전당'(Soothill, 1951) 또는 '명당'이라 표현할 수 있다. 이를 '좋은 입지' 또는 토착어로는 '길지(吉地, sweet spot)'로 생각할 수도 있다.

주거지가 '길지'와 일치하도록 전문적으로 조정되면 상서로운 흐름과 놀라운 일들이 이곳 입주자에게 (지도 1이 설명하는 전설처럼) 일어날 수 있다. 여기서 '주거'라는 용어는 대체로 산 사람 그리고 죽은 사람의 '집(dwellings)'(예를 들어, 전자는 모든 형태의 주택, 후자는 무덤)을 의미하는 것으로 이해된다. 지도 1에서는 무덤 자리를 정할 때 망자의 머리 방향도 언급한다.

좋은 장소는 보통 지도의 중심이나 근처에 한 개 또는 여러 개의 원으로 표시된다. 지도는 지관이 기가 수렴되는 중심에 서서 그린다. 지도 제작자는 이 지도에 원으로 표현된 신비의 원천을 상징하는 혈('동굴'을 의미)이라 불리는 통찰적인 지점에서 작동하는 기운을 느끼며 영감을 주는 이미지를 담아낸다. 게다가 지도에 그려진 기운은 일부 장난스럽기도 하다. 객관적으로 말하면 이 지도들은 혈 주변에 보이는 지형을 지도 제작자가 관습적으로 사용하는 범주화된 상징적 형태(예를 들어 불, 철, 물, 나무, 땅)로 표현하고

Landscape of a Rhinoceros. Here, heaven and the pole star guarantee wealth, nobility, fortune, and prosperity. This fulfilling prophecy will reveal itself in time. The head points northeast.

지도 1: 코뿔소 경관. 이곳은 하늘과 북극성이 재산, 승진, 행운, 번영을 보장한다. 이러한 예언은 시간이 지나면 저절로 이루어질 것이다. 머리가 북동쪽을 가리키고 있다.

있다.

무수히 많은 모든 풍수 기준을 충족시키
는 완벽한 이상적 지점인 혈과 주변의 지형
은 지도 2와 같은 형태로 구성되었다고 그
려진다.

이 형상이 낯설지 않다면 그 이유는 여성
의 산도(産道, 분만 통로, birth canal) 주변
의 내밀한 부분을 닮았기 때문이다. 풍수 관
습은 길지를 '만들기'도 한다. 이러한 독특한
패턴은 비유를 통해 현재 한국 남성 문화의
언어로 자리 잡고 있는 상스러운 '명당자리'
민속으로 등장했는데, '누구나 명당자리를

지도 2: 이상적인 풍수 지점의 형상.
아마 제주에서는 찾을 수 없고 서울
이 이 이상적 형상에 가깝지만, 다른
어디엔가 있을 수 있다.

발견할 수 있'고 명당을 찾기 위해 산천을 돌아다니는 훈련된 전문가일 필
요는 없다고 믿는다. 따라서 패턴 인지를 통해 많은 남자들은 이상적인 풍
수의 '길지'를 여성 신체 부위에 비유하며 간단히 찾는데, 한반도 그리고 제
주도 어디에서나 한밤중 떠들썩한 술집에서 나누는 말이나 큰 목소리로 종
종 들을 수 있다.

전문가에 의해 어떤 지역이 그려지고 이름이 붙여지면, 마을 사람들의 행
동에 영향을 미치는 특성을 갖춘다. '쉬는 소 경관'(또는 제주도 동쪽 해안에
서 떨어진 곳에 위치한 우도)의 지도는 소를 암시하는 듯한 그 장소는 방해
해서는 안 된다고 사람들을 상기시킨다.

우도를 '쉬는 소'의 의미로 인지하여 받아들이는 우도 주민들은 시끄러운
축제를 삼가고 뱀이 사는 지역을 제거하고, 쌀 대신 건초를 심는다. 하늘의

지도 3: 우도. '소 섬으로 알려진, 쉬는 소 모습 경관'. 단상에 건초가 쌓여 있다. 명당 순위 상위 3 등급. 머리는 북동쪽을 향하고 있다.

영력이 땅을 형태 지우듯, 명당 지도는 한번 그려지면 이 지도를 사용하는 사람의 일상생활을 놀라운 방식으로 변화시키는 잠재력을 가지고 있다.

　다음에 나오는 지도는 제주도의 김씨와 고씨 집안에서 수집한 것들이다. 아마 제주도의 집안에 이와 유사한 지도들이 수백 장 정도 있을 것으로 보인다. 모든 원본 지도들은 고려 시대 악행을 일삼으며 섬을 배회했던 호종단(Ho Chong-dan)이라는 이름의 악명 높은 중국 풍수사의 작품이다. 시기는 1111년에서 1115년 사이로, 한반도의 고려 정권은 제어하기 힘든 제주 사람들의 기세를 꺾기 위해 한라산에서 공급되고 마을의 용들을 통해 배분되는 하늘의 숨결을 파괴하려는 생각을 했다. 호종단은 자신의 풍수 능력을 확신하는 사람으로, 고려의 왕에게 고용되어 그 일을 하도록 명 받았다.

　호종단은 제주도에 있는 13마리의 우세한 용을 죽일 작정이었는데, 이들의 정확한 경로를 경관을 통해서는 파악하지 못했다. 그는 제주성으로부터 한라산을 중심으로 시계 방향으로 돌아 제주성으로 돌아오는 여행을 통해 섬을 체계적으로 조사하는 계획을 세웠다. 처음에는 매우 성공적이었다. 섬 주민들은 왜 섬 동쪽 지역의 환경이 농사짓기에 열악한지 이를 통해 설명할 수 있다고 말한다. 그러나 호종단은 섬의 남쪽 해안에서 문제에 맞닥뜨리게 된다.

서귀포 근처 서홍 마을 외곽에서 그는 또 다른 용을 찾아 파괴하려 했다. 그러나 불멸의 한라산으로부터 호종단이 위험하다는 것을 알게 된 지역 농민들이 그의 계획을 좌절시켰다. 농민들은 그를 소중한 산맥으로부터 멀어지도록 유도했다. 속임수에 넘어간 풍수사 호종단은 몹시 격분하여 풍수 자료를 찢어 바람에 날려 버렸다. 몇몇 지도는 섬 주민들이 구해 냈는데, 이 지도들은 몇 세기 동안 반복해서 복사되는 형판이 되었다. 섬 주민들은 이 지도를 자신들을 위해 사용했다. 전설의 일부는 그가 산신(Mountain God)이 일으킨 폭풍우에 의해 한반도로 돌아가는 길에 난파되어 익사했다고 전한다.

[사례 1] 옥을 가지고 노는 웅크린 호랑이 형상 경관

풍수 지도: 옥(Jade)을 가지고
노는 웅크린 호랑이 형상

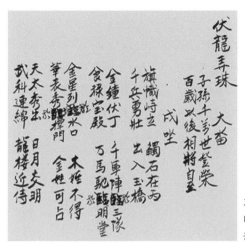

지도에 별도로 붙어 있는 주석: '커다란 논에 위치한 옥을 가지고 노는 웅크린 호랑이 형상의 경관'

자손들은 오랫동안 높은 지위에 오를 것이다. 100년 뒤 집안에서 장군이 확실히 나타날 것이다. 깃발과 깃대는 높이 들린다. 남동쪽을 향한 톱니 모양의 암석. 용감한 장수와 수천 명의 군인들은 옥으로 만든 다리를 건넌다. 황금 종이 남서쪽에 숨겨져 있다. 수천 명의 군인 막사 3개가 연접해 있다. 가치를 매길 수 없는 궁전! 수만의 종마(種馬)들이 밝은 궁전을 채우고 있다. 절세의 미인이 물에서 나타난다. 나무 요소의 가족들이 여기에 번성할 것이다. 하늘의 큰 별, 태양, 그리고 달은 차례대로 빛난다. 수대에 걸쳐 장군이 확실하다. 용궁이 가까이에서 기다린다. 머리는 북서쪽을 향한다.

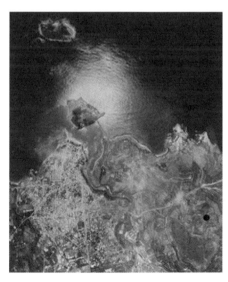

'옥을 가지고 노는 웅크린 호랑이 형상의 경관'의 항공사진. 검은 점은 명당자리를 표시한 것이다.

[사례 2] 꽃이 만발한 밭 경관

풍수 지도: 꽃이 만발한 밭.
추가적으로 이 장소는 칭송할 만한
성격으로 언급된다.

'꽃이 만발한 밭'의 항공사진. 검은 점은 명당자리를 나타낸다.

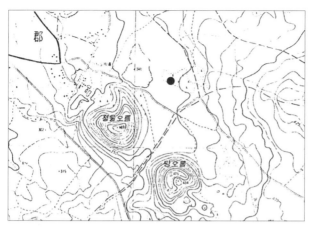

'꽃이 만발한 밭' 명당자리(검은 점)를 보여 주는 현대의 지세도. 근처의 돌출한 분석구는 이곳의 옛 풍수 자리를 잠정적으로 확인할 수 있게 해 준다.

'꽃이 만발한 밭' 명당자리에 있는 묘비를 잘 보면 (굵은 선 사각형 안의) 이름으로 위치를 확인할 수 있다.

[사례 3] 코뿔소 형상 경관

앞 지도 1의 '코뿔소 형상 경관' 풍수 자리. 길지는 이곳(검은 점)일 것이다. 한라산을 방문할 때 아마도 이곳의 정확한 위치는 다시 찾을 수 있을 것이다.

참고문헌

Soothill, William Edward, 1951, *Hall of Light: A Study of Early Chinese Kingship.*
London: Lutterworth Press.

제2장
무덤과 우주 경관[1)]

제주도의 일명 '돌할아버지(돌하르방)'는 20세기 동안 그리고 현재에 이르기까지 주요 상징적 경관의 특징으로 이어지며 확대되고 있다. 원래는 그 수가 많지 않았지만 이제는 섬 어디에서나 찾을 수 있고, 인터넷에서 제주도의 유형 문화를 대표적으로 재현하고 있다. 이들의 기원, 그 복잡하고 추상적인 이야기는 학문적 관심을 가진 여행자에게는 간과할 수 없는 흥미로운 대상이지만, 관광 분야의 문헌은 그다지 주목받지 못하고 있다.

이 장은 육지부의 신유가 국가인 조선(1392~1910년)이 섬 주민들의 일상생활 환경에 돌하르방을 의도적인 건축물과 공간 배치를 통해 '기억' 또는 '연상'의 도구로 자리 잡게 하고, 이를 통해 윤리적·경제적·정치적 권위를 재생산시키고자 했던 사례에 초점을 맞춘다. 돌하르방은 이러한 정치-

---

1) 이 글은 1983, "Graven Images and Cosmic Landscape on Cheju Island(제주도의 무덤 이미지와 우주 경관)," *Korean Culture*, 4(1), 4–19를 수정하여 새롭게 작업한 것이다.

제주의 돌할망   현무암을 깎아 만든 다양한 석상

교육적 실천의 좋은 사례이다.

제주도의 이러한 연상의 또 다른 건축물 사례로는 조상들의 '어두운 거주지', 무덤이 있다.

한라산의 돌하르방과 독특한 사다리꼴 무덤은 중국에서 동아시아 문명의 여명기에 관찰되었던 고대 별자리와 같이 하늘에서 기원한 동일한 우주 상징주의와 밀접히 관련되어 있다. 다음의 별 지도에서 북극성에 중심을 둔 고대의 이상적인 직사각형 별자리(A)가 한 쌍의 수호성(B)으로 인식되는 경계와 어떤 식으로 가까이 위치하는지에 주목하라. 별 지도의 직사각형 모양을, 좌측의 한라산 사면에서 일반적으로 접할 수 있는 전통적인 무덤 구조를 나타내는 사다리꼴 모양의 돌무덤 사진과 비교해 보라.

한라산의 사다리꼴 무덤과 수호석 돌하르방은 조선 정부에서 한때 확산시켰던 윤리적 메시지를 담고 있는 보편적인 기념비적 건축물의 하나로서, 이들이 유일한 것은 아니다. 전통적인 제주 농가 건축물 역시 계층적으로 조직되고 세심하게 계획된 생활환경 내의 거주지 규모에 따라 형태적으로

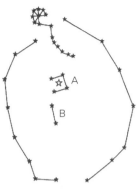

제주의 전형적인 산담

제주의 전형적인 산담 중국 천문
도: 북극성(A)은 쌍 수호성(B)을
통과해 우주로 열려 있다.

신유가적 교리를 재현하는, 본질적으로 동일한 우주적 상징성을 포함하고
있다. 여럿의 마당 문을 쌍으로 구성한 수호자가 보호하고 있는 중심에 상
징적 '우물'이 자리한 농가의 직사각형 구조를 주목하라.

모든 거시적 스케일로부터 미시적 스케일에 이르는 제주도의 전체 전
통 농촌 경관은 '한 수준에서의 전체는 다음 수준의 부분이 되는 통합된 조
직 수준들의 연속체'인 신유가적 계획의 관점으로 볼 수 있는데(Needham,
1956: 465–466), 모두 입구에 쌍을 이룬 수호자가 있는 사각형-내-원으로
규정된 이상적인 배치를 보이고 있다.

이런 통합된 농촌 경관을 발견하고 세밀히 관찰해 보면 신유가의 이념적
임무가 각 미시적 세계에서 작용하고 있으며, 모든 인간 조직 중심 내부의
근본적인 디자인은 서로 같은 우주의 원형을 복사하고 있는 모습이다. 따라
서 우리는 한 미시적 수준의 거주지에서 마주치는 그러한 형태들은 조선 시
대에 계획된 환경 내의 모든 수준에서 의도적으로 반복될 것으로 예상할 수
있다. 요약하면, 제주도의 유명한 '돌하르방'을 포함한 다양한 크기의 석상

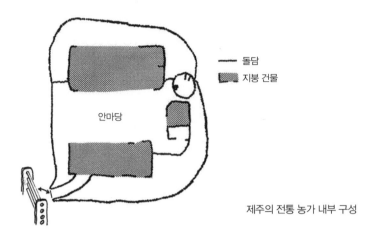

안마당

— 돌담
▨ 지붕 건물

제주의 전통 농가 내부 구성

은 조선 시대 신유가적 환경 계획에 의해 의도적으로 만들어지고 보전된 농촌 경관 건축의 통합성을 보여 준다.

'수호' 거석들

한국에서 제주도는 필요한 재료를 자연적으로 부여받은 천혜의 지역으로 독특한 돌조각의 산실이다. 제주도 사람들은 조선 시대 그리고 그 이전부터 거석건축을 많이 했다. 제주도의 거석은 다양한 크기의 의인상(擬人像)이 주를 이룬다. 중국 한나라 왕조의 천체 원형은 그 기원과 분포에 명백히 영향을 미쳤으며, 따라서 조선왕조의 신유가적 환경 계획과 제주도의 사회질서 전반에 미친 영향을 이해하는 데 중요하다.

거의 모든 돌하르방은 아마도 '수호자'(혹은 '수행원' 또는 '보조자')로 확인되는 짝을 이루고 있다. 이들은 자신들이 관계된 인간 주거지의 크기에 따라 그 크기가 순서적으로 나타난다.

한라산 통로 수호상(Hallasan portal guards)

제주성문 수호상(Jeju city gate guards)

정의, 대정 읍성 수호상(district town guards)

마을 수호상(village guards)

농가 수호상(farmstead guards)

무덤 수호상(tomb guards)

위 돌하르방을 비교·대비해 보면 이들이 공유하고 있는 우주 상징주의를 논의할 수 있는 토대가 된다.

한라산 통로 수호상

제주도로 들어서는 주 통로는 현재 제주시의 고대 중심지였던 옛 제주 성곽의 북쪽 면에 위치한다. 제주성은 섬의 북쪽 해안 중심에 있는 비옥하고 물 공급이 좋은 평야에 위치하는데, 대다수 지역이 거대하고 평행한 돌로 둘러싸인 두 협곡 사이에 분포한다. 제주성 북쪽의 위험스러운 제주해협 너머 먼 곳에 한국 본토와 중앙정부가 있었다. 조선 시대 조정으로부터 섬에 있는 국민들에게 전달되는 모든 통신은 본토에서 남쪽으로 향해 제주성 중심부에 있는 제주 목사의 집이자 집무실에서 받았다.

거대한 인간 모습을 한 두 석상은 서로 수 킬로미터 떨어져 있지만 오랫동안 마주 보며 제주도의 입구인 제주성을 상징적으로 수호하고 있다. 이 거대한 두 석상은 둘 사이에 있는 중심 도시를 관망하며 반대편 하천변 위에 높이 자리 잡고 있다. 다음 사진은 서쪽을 바라보는 동쪽 수호상(좌측)과 동쪽을 바라보는 서쪽 수호상(우측)이다.

이 큰 짝을 이루고 있는 석상은 높이가 3m 정도이며, 인간과 거의 같은 모습으로 조각되었다. 이들은 귀가 크고 다리가 없는데, 이러한 특징은 남태평양의 화산섬인 이스터섬의 거대한 석상에서도 공통적으로 나타난다 (Stotzner, 1930; Kim Byong-mo, 1983: 55).[2]

각 거상은 몸에 꼭 맞는 옷을 입고 분리되는 챙 넓은 모자를 쓴 모습으로 커다란 기단석 위에 놓여 있는데, 기단은 따로 조각된 돌이다. 석상의 머리는 크고 납작한 얼굴형이다. 얼굴은 깊게 조각하지는 않았는데, 짙은 눈썹, 튀어나온 눈, 길고 넓은 코, 약간 갈라진 입술이 특징이다. 이들의 긴 귀는 앞, 옆, 뒤에서 보면 상당히 두드러진다. 턱 밑에는 목의 기미만 있다. 이 석상들은 어깨에서 기단석까지 내려오는 관복을 입고 있는 모습이다. 각 석상의 손은 관복 밑에서 손가락 끝을 펼친 채 거의 서로 맞닿으며 가슴 아래의

제주성을 지키는 수호상인 동자복(좌)과 서자복(우)　　　　　이스터섬의 인간 모습을 한
거석상

2) 김병모(Kim Byong-mo, 1983)는 제주도의 석상을 열대와 아열대 지역의 태평양 문화에서 발견되는 유사한 석상과 여러 사례와 더불어 연관시킨다. 이와 달리 김태곤(Kim T'ae-gon, 1983)은 드물게 보이지만 북부 아시아인들이 돌에 조각한 이미지와 비교한다. 어델리(Erdelyi, 1977)는 최근에 몽골에서 발굴된 터키 방식의 돌조각에 나타난 일부 유적을 언급한다.

몸통을 감싸고 있다.

동쪽 방향으로 시가지를 바라보는 수호석상(동자복)은 용연이라 불리는 하천 계곡의 서쪽 방벽에 자리하고 있다. 서쪽을 향하여 시가지를 바라보는 석상(서자복)은 산지천이라 불리는 암석 계곡의 동쪽 방벽에 서 있다. 이들의 특징은 쌍을 이룬 다른 석상들보다 더 눈에 띄게 조각이 된 듯하고, 이들보다 풍화가 덜 되어서일 듯도 하다. 바다로부터 내륙으로의, 그리고 해안선 위로부터의 이 두 석상들 간 거리는 비교가 된다. 놀랍게도 이 사진이 촬영된 1980년대 당시 제주시 주민들은 이들 석상의 존재를 알지 못하는 듯했고, 두 석상 간의 관계와 위치의 좌우대칭에 대해서는 더욱 모르는 듯했다.

서쪽의 석상은 둘 중 더 잘 알려진 듯 보이는데, 이는 아이를 가지지 못해 걱정이 많은 여성들 사이에 인기 있는 남근석상이 옆에 있기 때문이다. 한국의 근대도시에 활성화된 남근석상은 주목을 받는다. 그러나 이로 인해 서쪽의 석상은 다산의 신으로 잘못 알려져 있다. 진짜 남근석은 매우 작은 흰색으로, 이와 대비되는 회색의 현무암 암괴를 조각한 큰 수호석상과 같은 높은 지붕 아래에 위치하고 있어 이러한 혼동은 쉽게 이해된다. 남근 모양의 뚜렷한 특징은 오랜 시간과 기원으로 마모되어, 이를 숭배하기 위해 찾아오는 여성들을 제외하고는 쉽게 알아보지 못하고 스쳐 지나간다.

제주시 용화사 안에 있는 남근석

제주는 화산섬이어서 매우 희귀한 화강

암을 조각한 이렇게 작은 다산의 신은 흔치 않다. 이 작은 남근석은 20세기 초에 한 농부가 절 뒤의 밭에서 일을 하다 우연히 발견했다고 전해진다. 이 남근석은 한국과 일본에 있는 다른 남근석상의 유사한 유물 간에 비교가 이루어지기도 했다(예로 G.S.S.G., 1926; Rhie and Kim, 1984를 보라).

큰 키의 서쪽 수호석상과 작은 남근석은 모두 용화사(Dragon Pool Temple)의 담으로 에워싸인 마당에 있는데, 이곳에 사는 관리인은 이 절이 종단에 등록하지 않은 불교 사찰이라고 했다. 현재 이 절은 주택들에 둘러싸여 있다. 큰 키의 수호석상은 절의 담 밖에서는 볼 수 없다.

서쪽의 수호석상처럼, 동쪽의 수호석상 또한 현대적인 주택지와 골목길 미로 안에 위치해 있다. 이 수호석상은 담으로 둘러싸인 민간 주택의 옆마당에 서 있으며, 담 위로 우뚝 솟아 있어 가까운 골목길에서도 볼 수 있다. 일부 오래된 지도는 동쪽 수호석상의 위치를 장수사(Long Life Temple)로 표시하고 있는데, 현재는 아무것도 없고 옛 사찰터였던 것으로만 추정되고 있다.

한라산 입구에 위치한 쌍을 이룬 이들 수호석상은 고려 시대(918~1392년)부터 있었다고 보여지며, 제주 역사가들은 불상으로 인식하고 있다. 그러나 이들의 배열은 신유가적 세계관을 드러내고 있다고도 할 수 있다.

제주성문 수호상

제주도 초창기인 탐라의 역사를 기록한 『탐라지(耽羅志)』는 1754년 제주 목사였던 김몽규(金夢楏)가 옛 성벽으로 둘러싸인 제주성 3곳의 주요 입구 밖에 '두 번째 돌하르방'을 설치했다고 적고 있다. 그 요새는 섬의 주요 관할구역이고 성주의 집이었다. 이 석상들이 오늘날 널리 알려진 '돌하르방'이다.

조선 시대에 제주성은 남쪽, 동쪽, 서쪽의 세 주요 방향으로 높은 성벽 아래 문을 내었다. 성으로 접근하는 3개의 주요 도로는 마지막 500m 구간에서 급하게 꺾이며 성문에 다다랐다. 성으로 향하는 도로가 뱀처럼 곡선인 이유는 위험한 초자연적인 힘이 접근하는 것을 막기 위해서였는데, 이전 시대에는 악의 세력이 오직 직선으로만 이동했다는 확고한 신념이 있었다. 방어를 담당했던 김몽규 목사가 석상을 길의 곡선을 따라 배치한 것은 이 성을 보호하기 위해서인지, 아니면 미묘한 다른 이유가 있었을까? 역사학자들은 이러한 배치의 이유에 대해 분명하게 설명하지 못한다.

제주 지역의 한 골동품 전문가에 따르면, 한 쌍의 돌하르방은 성문에 다다르는 도로의 마지막 부분 구부러지는 곳에 서로 마주 보고 있었다 한다. 4쌍인 8개의 돌하르방이 성문 밖에 위치하고 있었다(현용준 교수와 1980년, 1981년 인터뷰). 만약 성으로 다다르는 각 지점에 4쌍의 돌하르방이 있었다면, 제주성에는 3개의 성문이 있었기 때문에 총 24개의 돌하르방이 있었을 것이다. 대부분의 다른 한국의 성곽처럼 제주성에도 북문이 없었다. 이것은 남하하는 악한 힘은 특히 치명적이어서 방어하기 어렵다는 전통적인 믿음 때문이다.

제주시에 남아 있는 18개의 돌하르방과 이들의 위치는 잘 기록되어 있다(Kim Kwang-hyop, 1985). 현재 오래된 석상은 어느 것도 원래의 위치에 있지 않다. 일부 석상은 시내 도처 새로운 장소에 쌍으로 전시되어 있지만, 이들이 원래의 짝인지는 알 수 없다. 다음의 제주대학교 입구에 있는 두 석상 사진을 보라. 현존하는 돌하르방의 모양과 크기를 비교해 보면 이들 석상의 유사성과 차이점이 뚜렷하게 드러난다. 이들은 높이가 2m 미만

제주대학교 입구에 있는 돌하르방

에서 2m 반까지 다양하다. 이것은 평균 높이가 약 1/3m인 분리된 기단석을 제외한 높이이다. 그들의 대담한 표정에는 익살스러움과 따뜻함부터 무관심 혹은 흉측함과 잔인함까지 다양하게 표현되어 있다. 후자는 불교 사찰의 문에서 흔히 볼 수 있는 한 쌍의 돌로 만든 인드라(Indra)와 브라흐마(Brāhma) 신을 떠올리게 한다.

이들 모든 돌하르방은 몸체에 비해 머리가 상당히 크고, 챙이 두툼한 모자를 쓰고 있다. 전체적으로 한쪽 어깨가 다른 쪽보다 눈에 띄게 높으며, 높은 어깨가 오른쪽인 경우도 있고 왼쪽인 경우도 있다. 아마 모든 수호석상의 높은 어깨는 성문으로 유입되는 도로 쪽을 향했을 것이다.

전형적인 돌하르방의 정면 모습은 모자 아래로 이마의 깊은 주름, 튀어나온 눈, 부푼 두 볼과 그 사이에 가깝게 자리 잡은 넓은 코, 그리고 넓고 단단한 입술을 보인다. 종종 석상의 머리는 몸통 중앙 축의 오른쪽이나 왼쪽으로 고정되어 있다. 대부분의 경우 큰 머리는 높은 어깨에서 앞으로 돌출되어 목이 없다. 턱에서 전형적으로 석상이 끝나는 허리로 내려가며 팔 윗부분, 즉 상박, 팔뚝, 그리고 손만 드러난다. 상박은 석상의 옆쪽에 늘어져 있고, 종종 팔꿈치가 거의 직각으로 접혀 팔뚝이 몸통의 앞부분을 가로지른다. 보통 팔뚝은 부풀어 오른 손가락을 가진 큰 손으로 이어진다. 높은 어깨에서 시작한 손은 가슴 약간 아래에 놓여 있고, 낮은 어깨에서 시작한 손은 복부 옆에 놓여 있다. 석상의 토대는 낮은 손보다 얼마간 낮은 곳의 허리 부분을 파서 구분한다.

몇몇 석상들은 가슴이 둥글고 두드러져 있는데, 이는 쉽게 여성의 가슴이라고 해석할 수 있을 것이다. 돌하르방의 여성 가슴 언급은 논란의 여지가 있을 수 있기 때문에, 우스꽝스럽지 않다면 여담으로 육지부 전라도에 위치한 쌍을 이룬 오래된 석상 몇 개를 생각해 보자. 전라도는 조선 시대에 제주도와 가장 긴밀한 문화적 연계를 가졌던 한국의 문화 지역이다. 제주도와

한반도의 쌍 석상의 밀접한 관계는 조선 시대 전반에 걸친 건축 디자인과 발전에 신유가적 이념이 보편적인 영향을 미쳤음을 보여 준다고 하겠다.

전라도의 쌍 석상은 크기, 형태, 기능 면에서 제주도의 돌하르방과 유사하다. 예로 당산(堂山) 또는 부산시 성 입구에 있는 석상인 장승을 들 수 있다.[3]

이들 장승 석상은 대다수가 쌍을 이루며 사발 모양의 모자를 쓰고 눈과 볼이 튀어나온 비슷한 모습을 하고 있다. 부산 돌장승 사

제주의 돌할망

진의 우측 석상은 종종 할배장승(Old Grandfather)이라 불리며, 배에 '보름달 추 장군'이라고 새겨져 있다. 좌측 석상은 할매장승(Old Grandmother)이라 불리며, 배에 '그믐달 당 장군'이라고 새겨져 있다. 한반도 남쪽에는 늙은 할아버지와 할머니로 불리는 다른 석상과 목상들이 있다. 육지부에는 외딴 마을로 들어가는 도로 양쪽에 서로 마주 보고 서 있는 남녀 한 쌍의 나무로 된 장승이 있다(Kim T'ae-gon, 1983: 449). 의식을 행하는 날에는 쌍을 이룬 장승이

부산의 돌장승

길을 막기 위해 밧줄로 연결된다. 따라서 김몽규 제주 목사가 제주성에 '두 번째 돌하르방'을 만든 것은 일찍이 한국 본토에서 경험한 장승과 관련이 있을 것이다(현용준 교수).

제주도의 인간 모습을 한 두 형태의 거대한 석상 중 제주성을 바라보고 있는 키가 큰 한라산 입구의 두 수호상은 각기 세 부분으로 조각되어 있다. 즉 머리와 몸통은 한 부분으로, 모자와 기단석은 각각 따로 조각되었다. 반면, 제주 성문 밖의 쌍을 이룬 작은 돌하르방은 몸체와 기단석의 두 부분으로 조각되었다. 쌍을 이룬 수호상의 커다란 기단석은 단순하고 장식이 없

---

3) 당산은 문자 그대로 '수호신의 공간'이다. 한 개의 돌기둥은 인도의 전설적인 신성한 산에 해당될 수 있다. 쌍을 이룬 당산상은 신성한 산의 수호신과 일치하는 것처럼 보인다. 많은 거석상을 비교하며 생각해 보게 하는 사진은 『문화재대관(文化財大觀)』(1979)에서 볼 수 있다.

돌하르방의 기단석과 구멍

다. 그러나 돌하르방을 지지하는 기단석은 단순한 디자인이지만 깊이 조각
되어 상징적 의미와 더불어 실용적인 측면도 지니고 있는 듯하다.

어떤 기단석에는 'L'자 형태의 구멍이 있는데(위쪽 사진), 'L'의 옆면은 수
평으로 놓이고 바닥은 아래를 향한다. 다른 짝을 이루는 기단석에는 사각형
모양의 구멍(아래쪽 사진)이 있다. 비록 현존하는 돌하르방의 원래 기단석
은 대부분 사라졌거나 매몰되었지만, 원래의 기단석 반 정도는 사각형 모양
의 구멍이 있고, 나머지 반은 'L' 형태의 구멍을 가졌다는 것을 보여 주는 사
례는 충분한다.

쌍을 이룬 돌하르방은 원래 도로를 사이에 두고 서로 마주 보고 있었고,
아래의 기단석 구멍 또한 서로를 향해 앞을 보고 있었다. 이렇게 위치함으
로써 긴 막대로 두 석상을 연결할 수 있었다. 기둥의 한쪽 끝은 사각형 구멍
에 단단히 들어맞고 다른 쪽 끝은 길 건너의 L자형 구멍으로 들어가 잠기게
된다. 이러한 방식으로 길을 완전히 막는 것은 아니지만 상징적이고도 물리
적으로 차단하게 된다. 따라서 막대로 연결된 수호상은 적의 군대는 아니더

라도 미신에 사로잡힌 사람과 떠도는 소를 억제하는 역할을 제공했을 것이다. 이러한 배열은 성적인 상징성도 포함하고 있다고 민속학자인 현용준 교수가 언급하기도 했다.

정의, 대정 읍성 수호상

옛 제주성의 성벽 요새는 역사적으로 섬 정부의 중심이었다. 조선 시대에 이루어진 행정 조직의 재편 과정에서 제주도는 제주성에서만 통치하기에는 너무 넓다고 판단되었다. 1416년, 추가 행정 중심지로 정의와 대정 두 곳을 설치해 제주도 남동부와 남서부 구역을 통치하게 했다. 이 두 읍성은 제주성처럼 조선왕조 유배 문화의 신유가사상 거점이었다. 제주성으로 접근하는 도로의 끝에 서 있는 수호상처럼 한 쌍의 커다란 석상이 읍성으로 이르는 도로를 가로질러 서로 마주 보고 서 있다.

이들 읍성 수호상이 언제 처음 세워졌고, 몇 개가 만들어졌는지에 대해 알려진 것은 없다. 『탐라기년』(Kim Sok-ik, 1976)은 제주성에 이르는 도로를 따라 1754년에 김몽규 목사가 세운 석상을 언급하지만 이들 석상에 대해서는 언급하지 않는다. 제주성 석상과 읍성 석상에 조각된 이미지가 유사해 서로 가까운 관계임을 보여 주며, 모두 '돌하르방'으로 언급된다. 지역 마을 사람들은 읍성 수호상을 '어린 돌하르방(stone children)'이라고도 부

대정의 어린 수호상

른다.

이들 읍성 수호상은 제주성의 수호상보다 작지만, 가장 큰 것은 제주성 수호상 중 가장 작은 것과 유사한 높이를 보인다. 대정에 있는 수호상들은 전체적으로 높이 1.5m, 둘레 2m로 모든 돌하르방 중 가장 견고하다. 읍성 수호상들은 모두 챙 달린 모자를 쓰고 있지만, 챙의 두께는 제주성 수호상의 모자보다 확연하게 얇다. 특히 대정의 수호상이 얇다. 모든 읍성 수호상의 얼굴은 매우 납작한 형으로, 제주성 수호상에서 보이는 주름진 이마가 없다. 대정 수호상의 눈은 독특한데 두 동심원으로 조심스레 파여 있다. 정의 수호상의 눈은 둥근 테두리를 깊게 조각한 모습이다.

읍성 수호상은 확인한 바로는 모두 팔뚝, 손, 손가락이 배를 가로지르고 한 손이 다른 손 위에 있다. 손가락 끝이 서로 닿는 색다른 석상이 대정에서 발견되었는데, 이는 제주성 입구에 있는 두 석상과 닮았다.

이 석상들의 세부적인 인간 모습은 모두 다르게 나타난다. 이 차이는 석상들의 질적 수준이 다르거나, 동일한 의도가 아니거나, 또는 조각을 위해 사용된 현무암이 풍화에 저항하는 정도가 다르거나 노출 정도의 차이 등에 기인할 것이다.

제주성처럼 대정과 정의 읍성도 각각 3개의 정문을 남·서·동쪽에 가지고 있다. 옛 읍성에 현존하는 석상의 수는 12개가 되지 않는다. 각 성문 밖에는 4개의 수호석상이 있었을 것이다. 석상 몇 개는 기단석이 있는 것으로 보아, 석상들이 한때는 모두 기단석을 가졌을 것으로 추정된다. 기단석은 제주성의 경우처럼 깊숙이 조각한 자국이 없다. 일반적으로 대정과 정의의 쌍을 이룬 석상들은 한라산이나 제주성의 석상보다 서로 매우 닮았다.

한라산, 제주성, 그리고 읍성의 모든 석상들은 공통점이 많다. 조각의 모습이나 성문에 쌍으로 배치하는 유사성은 이들의 기원이 공통된 하나의 생각과 관련되어 있음을 보여 준다.

마을 수호상

제주도에는 수백 개의 마을이 있지만 외떨어진 곳은 없다. 이들 마을로 향하는 도로를 따라 종종 남아 있는 한 쌍의 마을 수호상을 발견할 수 있다.

남쪽의 화순마을로 들어가는 길은 그 대표적 사례이다. 마을 외곽에서 도로가 급하게 꺾이며 올라가는 곳에 자리한 높은 돌탑 꼭대기 양쪽에 두 수호석상이 약 25m 떨어져 서 있다. 바위 더미의 바닥 둘레는 8m, 높이는 2m 정도이고, 각 석상의 높이는 70cm이다. 도로 서쪽의 석상은 풍화되어 사람의 모습은 희미하지만 모자를 쓰고 있고, 별 특징 없는 눈에 코와 상반신은 앞에서 본 모든 수호석상과 공통된 특징을 보인다.

화순마을의 큰 돌탑 위에 있는 수호상, 1985년 촬영

그러나 다른 쪽은 석상이 아니라 그냥 높은 기단석 위에 비슷한 크기로 솟아 있는, 아마도 원래 있었던 인간 모습의 석상이 사라져 이를 대신하고 있는 듯한 일반적인 암석이다. 아마 이것은 수호상에 인간의 특징을 조각하는 풍습 이전의 원래 수호상의 모습일 수도 있다.[4]

마을 사람들은 이들 수호상이나 그 기원에 대해 말하기를 꺼린다. 실제로 이런 희귀하고 신비한 물건이 외부에 알려지면 유물 수집가들이 이 지역으로 몰려와 간접적으로 문화적·정신적 손실을 주기 때문이다. 한국 육지부의 마을 입구에 쌍을 이룬 유사한 수호상은 상세하게 다루어지고 있다(Kim T'ae-gon, 1983: 5; Rhie and Kim, 1984: 33). 제주 전설은 화순마을의 쌍을 이룬 수호상의 기원을 신유가적 관점으로 설명한다(Jin, 1983: 12).

농가 수호상

제주도의 오래된 농가로 들어가는 입구에는 쌍을 이룬 기둥문이 많이 있다. 섬 주민들은 종종 이 기둥을 '문 수호신'이라 부르는데, 농가로 들어가는 입구 양쪽에 세워진 이 기둥 돌의 수호 역할은 그들이 신격화해 온 전통에 의해 더욱 확고히 되었다. 이 쌍기둥문은 원래 썩기 쉬운 나무나 내구성이 좋은 돌로 조각되었다. 이 기둥문에는 사람 모양의 특징이 전혀 없다. 돌을 조각한 경우가 특히 시골 산간 마을에서 흔하게 나타나지만, 심지어 이곳의 기둥 돌도 대부분 유물 수집가들이 약탈해 갔다.

이들 문지기로서의 기능과 배열, 형태적 특징은 앞에서 소개한 인간의 모습을 한 석상과 유사한 부류임을 알려 준다. 그러나 읍성 수호상은 신격화

---

4) 그러나 필자가 1973년과 1981년에 관찰한 이 특이한 돌은 1982~1984년 사이쯤에 다른 돌로 대치되었다.

되지 않은 데 반해 이들 농가 문지기들이 신격화된 것은 그 기원이 반드시 비유교적인 것은 아니더라도 외부라는 것을 의미한다(현용준 교수).

전형적인 농가 문지기는 돌을 조각한 것인데도 일반적으로 '나무 기둥 문지기'라는 의미의 정주목으로 불린다. 모양은 직사각형으로 거의 1m 높이에 수직으로 서 있고, 면 전체 너비는 20cm, 두께는 10cm이다. 기둥 전면에 위에서 아래로 3개, 때로는 4~5개의 구멍이 뚫려 있다.

각 문지기는 짝이 있는데, 형태나 크기가 거의 동일하다. 이들 한 쌍은 담으로 둘러싸인 농가로 들어가는 도로에 마주 보며 가로질러 서 있다. 종종 도로는 정문에 도달하기 전 문지기가 있는 곳에서 급격하게 꺾인다. 정낭이라 불리는 길고 가는 막대는 양쪽 구멍에 걸쳐지는데, 예를 들어 기둥의 양쪽 네 구멍은 4개의 긴 막대로 연결되어 농가 내부로 들어가는 길을 막는다.

농가 주인은 방문객에게 자신이 어디에 있는지를 걸쳐 있는 막대를 한쪽 기둥에서 빼내어 알려 주는데, 4개가 모두 연결되어 있으면 '집에 아무도 없

수호 정주목과 정낭

음', 3개가 연결되어 있으면 '시장에 감', 2개는 '밭에 있음', 1개는 '이웃에 있음', 그리고 모두 내려져 있으면 '들어오십시오'를 의미한다(Song Ji-chun, interviewed 1981; Chin Song-gi, 1979: 72를 보라.)

현대의 제주 사람들은 농가의 문 역할을 하던 정낭들이 한때 집안 마당으로 들어오려는 말이나 소를 막는 데 유용했다고 주장한다. 이 특별한 유물에 대해 지방 정부도 출입구에서 문지기 역할을 했다는 데 일반적으로 동의한다. 제주의 향토학자인 현용준 교수는 농가 문지기를 제주시의 인간 모습을 한 돌하르방과 연관시킨다. 앞서 살펴본 것처럼, 돌하르방이나 정주목은 모두 긴 정낭을 연결해 통행을 막을 수 있도록 만들어져 있다.

무덤 수호상

쌍을 이룬 무덤 수호상은 제주도에서 가장 많은 인간 모습으로 조각된 석상이다. 사다리꼴 돌담으로 둘러싸인 봉분을 가진 제주의 무덤은 풍수를 반영한 한국의 무덤 중에서도 독특하다.

모든 제주 봉분들 앞에 수호상이 있는 것은 아니지만, 튼튼하고 잘 유지된 담을 가진 대다수의 무덤은 봉분 앞에 적어도 한 쌍의 수호자가 서로 마주 보며 서 있다. 이들 무덤 수호상은 아직도 제주에서 무덤용으로 만들어지지만, 최근의 석공들이 전통적 특징을 인지하지 못해 없애거나 변형시킨 경우가 많다. 따라서 전통적인 특징을 관찰하고자 한다면 예전의 것들을 보는 것이 낫다.

예전 풍수사의 지도(풍수 조사에서 명당 묘지의 지형적 조건을 기술하는 지도)는 종종 제주도의 가장 오래된 무덤을 찾는 데 사용될 수 있다. 앞 장에서 언급한 것처럼, 이 지도들은 정확한 위치를 알려 주지 않은 채 귀한 장소를 미화하기 위해 그려졌기 때문에 대다수는 해독하기 어렵다. 예를 들어, 전설적인 풍수사이자 승려인 탁옥정 (Tʼak Ok Chong)이 그린 것으로 알려진 오래된 지도는 필자를 제주도 북부 해안을 따라 바다로 돌출되어 높은 파도에 침식된 분석구인 서산(Sousan), 서우봉 또는 '코뿔소산'이라 불리는 곳의 정상부에서 옛 무덤의 수호상을 찾도록 인도했다.

풍수사 탁옥정이 그린 명당 지도

서산 정상부에는 매우 오래된 무덤이 있고, 유물로 같은 높이지만 모양은

산담에 있는 남녀 모습의 수호상

조금 다른 한 쌍의 수호석상이 있다. 두 석상은 키가 약 60cm이다. 둘 다 대머리이고, 정의성에 있는 읍성 수호상의 눈과 매우 유사하게 깊은 원형 선으로 눈이 조각되었다.

코와 귀는 튀어나오고 입술은 벌어져 있는데, 한 석상은 특히 크게 벌어져 있다. 한 석상은 손을 밖으로 뻗어 가슴 앞에서 남성의 성기로 보이는 것에 얹혀 움켜쥐고 있다. 이 남근석상은 맞은편 석상을 직접 가리키는데, 맞은편 석상은 이러한 인체 부속물 대신 받는 용도의 우묵한 그릇을 가지고 있다.

우주의 원형

제주도에 있는, 앞에서 언급한 쌍을 이루는 6가지의 석상 형태는 대다수가 고풍스러운 인간 모습을 하고 있다. 쌍을 이룬 석상들은 모두 주거지로 들어가는 입구에서 수호 역할을 하고 있다. 엘리아드(Eliade, 1961: 25)는 신성한 주거지의 문간을 매우 중요한 장소로 묘사하며, 거주자에게 적이 되는 인간과 초자연적인 것 모두의 '유입을 허락하지 않는 신과 영혼으로서 입구의 수호자'를 언급한다.

이러한 미덕의 신성한 장소 또는 인간의 성지로 보호되는 주거지는 크기가 작아지는 순서로 소개한 수호상과 더불어 생각해 볼 수 있다.

여러 곳에 분산된 작고 많은 석상들은 집중된 더 큰 석상으로 통합된다. 예를 들어, 개인 조상의 거주지인 수만 개의 무덤은 살아 있는 후손들의 수천의 농가에서 관리하고, 이들은 다시 제주성에 위치한 단일 통치력하에 있는 두 읍에서 관리하는 수백 개의 마을에 속한다. 암석, 바람, 그리고 다른 자연적인 현상과 농부들로 구성된 전체 섬의 유기체는 한라산을 중심으로 한다.

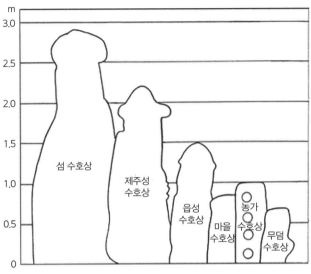

섬 수호상

제주성
수호상

읍성
수호상

마을
수호상

농가
수호상

무덤
수호상

쌍을 이루는 제주의 수호석상 비교

제주 사람들의 일상 활동은 이러한 다양한 인간의 성스러운 장소 안과 밖 그리고 그 주위에서 헤아릴 수 없는 수많은 움직임으로 이루어져 있고, 이 모든 오고 가는 것을 문에 세워진 수호석상들이 보고 있다.

따라서 제주도 수호석상의 공간 조직은 매우 체계적이고 종합적인 듯하다. 그런데 이러한 패턴은 무엇을 의미하고, 어떻게 기원했는가? 이 글의 서두에서 언급한 것처럼, 제주도 시골 경관의 각 주거지에 쌍으로 배치되어 있는 석상들은 [앞 23쪽과 아래 중국의 천문도에 나타난 것처럼 우주 둥근 천장의 중간('우물')에 묘사된] 에워싸인 중국 한(漢) 왕조 북극성의 열린 부분 근처에 위치한 두 연결된 별에 해당한다.

신유학자들에게 북극성으로 일부만 봉쇄된 성역은 이 '수호자' 별들을 지나 멀리 우주를 향해 열린 것으로 보였다. 신유가적 연상의 도구에 두 수호상을 포함하는 것은 건축물에서만이 아니라 풍수사의 나경(羅徑,

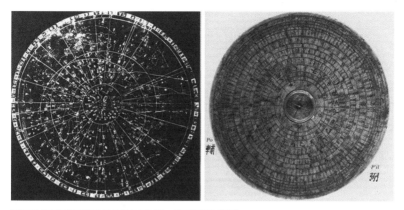

중국의 천문도(좌측)와 풍수용 나경 또는 윤도(輪圖, 우측)

compass) 등 다른 유물에서도 나타난다.

　이 복잡한 도구는 하늘을 매우 상세하게 반영해야 했기 때문에, 표면에 외부에서 우주 황제(Celestial Emperor) 또는 북극성의 궁전으로 들어가는 입구에 수호신을 표현하는 중요한 상징을 표시해 두었다. 이들 수호신은 두 '보조자'인 소위 '9개의 혜성' 또는 '운명의 관리자'로 한국 이름인 필(弼)과 보(輔) 위에서 쉽게 확인할 수 있었다.

제주도 수호상의 기원

　요약하면, 조선 시대 사회적 관습 아래 주거지는 이상적인 천체의 계획에 따라 체계적으로 선택되고 조성되었다. 이러한 '천체의 제국(Celestial Empire)'의 원형과 영감은 고대 천문 관측에 기원한다. 이 원형은 평면과 입체 모두를 시각화했다. 이 원형은 평면과 입체 양자 모두로 시각화되었다. 평면적으로는 인간 안식처로의 접근을 '두 개'사이의 '수많은 것들'을 통해 '하나'로 이어지게 나타내었다. 입체적으로는 인간 안식처의 중심은 하

늘쪽 끝이 북극성에 단단히 꽂혀 위쪽 대우주로부터 하늘에서 내리는 축복
이 아래 지상 소우주에 있는 정숙한 남녀에게 흘러 이어지도록 하는 실제의
기둥 또는 도관으로 인식하였다.

미덕의 소유는 인류가 하늘의 축복을 받을 수 있는 끝편에 있도록 하는
것이다. 어떤 의미에서 인간성은 미덕의 순수한 힘에 의해 하늘이 내려준
운명에 연결되는 것이고, 거의 운명을 이끄는 우주 마차의 뒤를 따라 이끌
려 간다. 인간의 미덕 없이는 '하늘 아래 혼란'이 있을 것이며, 이는 하늘이
지표에서 시간과 공간의 구속을 풀고 불운한 승객들을 버렸음을 나타낸다.

엄격한 신유가적 윤리에 따라 미덕을 유지하는 것은 야심에 찬 사람들에
게는 힘든 일이었고 엄청난 불안감의 원천이었다. 따라서 지구상에서의 번
영의 미약한 근본에 영속성의 이야기를 더하기 위해, 고대로부터 동아시아
민족은 자신들의 우주론을 철이나 나무, 돌 또는 이 재료들을 조합하여 자
신들의 신성한 그리고 공식적인 권력 소재지에서 최대한 가까운 장소에 '하
늘 기둥(heaven poles)'을 만드는 독특한 행위로 보완했다.

게일(Gale, Rutt, 1972: 179에서 인용)은 이를 '풍수 장대(geomantic
masts)'라 불렀고, 루트(Rutt, 1972: 337)는 이를 한국 명칭인 당간 또는 짐
대로 확인했다. 분명 이들은 높을수록 좋은 것이었지만, 윤리적으로 사람들
은 삶의 지위보다 높은 하늘 기둥을 만드는 것을 금했다.

평범한 농부들에게 하늘 기둥은 집의 대들보였다. 20세기 중반까지 중
국 서부에서 하늘 기둥의 상징이 종종 대들보 아래에 그려져 있었다(Cam-
mann, 1985: 253). 이와는 반대로 정치권력의 소재지에 세워진 하늘 기둥
은 훨씬 위압적이다. 예를 들어, 688년 중국의 여황제 무측천(武測天)은 궁
궐 안에 거의 100m 높이의 하늘 기둥을 세우라고 명했다(Soothill, 1951:

107–108).

조선 시대에 다양한 하늘 기둥으로 역할을 했던 기둥들이 지금까지 한반도 경관으로 남아 있다(Starr, 1918; Gale, 1925; Covell, 1983). 조선 시대부터 내려오는 많은 이러한 기둥들은 불교 사찰에 위치했다. 하늘 기둥의 관습은 전통적인 유가적 우주관에서 그 의미를 찾을 수 있음에도 불구하고 한국 불교와 빈번히 연관되어 왔다.

시베리아, 중앙아시아, 몽골, 중국, 한국의 고대 도교, 불교, 유교 신자들은 모두 다양한 크기와 형태의 하늘 기둥을 세웠다. 이 관습은 알타이 샤머니즘(토속신앙)에서 찾을 수 있는데, 신화는 전하기를 신성한 산 정상의 높은 나무는 땅속에 뿌리를 두고 하늘로 이어진다고 했다. 산이 많은 우주에서 자연의 장엄함에 대한 경외는 풍수로 도식화되었고, 여러 전략적인 장소에 인공 탑 세우기를 촉진시켰다(Feuchtwang, 1974: 188).[5]

전형적인 한국의 하늘 기둥은 다음과 같은 방식으로 세워졌다.

신중하게 선택된 위치에 높이 1.2~3m, 폭 0.6m, 두께 15cm 정도의 큰 석판 두 개를 지면에 마주 보게 세우고, 높은 나무 기둥을 석판 사이에 하늘을 향해 세웠다(Clark, 1961: 190).

---

5) 이들 기념비적인 유물은 도교, 불교, 유교의 우주 상징주의가 서로 얽혀 있는데 아직 완전히 구분되지는 않는다. 루트(Rutt, 1972: 337)는 풍수 기둥은 원래 불교 사찰의 깃발이었는데 "나중에 풍수의 의미가 더해졌다", 그리고 "이들은 중국에도 세워져 있다"고 출처를 밝히지 않고 간략히 적고 있다. 게일(Gale, 1925: 179)은 "이들 깃대는 불교와 관련이 있지만 풍수가 일부 역할을 하는 도교적 요소도 포함하고 있다." 한국에서 풍수 깃대를 세우는 관습은 "900년 정도에 시작되어 1100년까지 지속"되었는데, 이 시기는 중국의 송 왕조와 대략적으로 일치한다. 이들이 주로 신유가적인 구조로 만들어졌다고 보면 안 되고, 오히려 송 왕조 때 학자 주자(주희)의 신유가사상을 흡수한 성격을 가진 사례로 보고 그 관점을 통해야 해석이 가능할 것이다.

남아 있는 몇 개의 하늘 기둥은 우측에 예로 든 사진을 포함하여 전라도 지방에서 관찰할 수 있는데, 사진은 부안군의 사례로 17세기 후반의 것이다. 이것은 높이 8m에 가까운 기둥을 2m 높이의 양 측면 돌로 고정시킨 것이다. 이 기둥은 일정한 간격으로 쌓아 놓은 화강암 원통과 접하는 부분을 철사로 돌려 묶고 있다.[6] 두 개의 측면 돌에는 풍요의 상징인 용과 거북이 세심하게 조각되어 있다.

이 측면 돌은 한국 이름으로 당간지주라 불렸다(Rutt, 1972: 337). 종종 두 측면 돌 사이의 기둥은 큰 못으로 고정되었다. 긴 핀이 기둥을 통과하여 양쪽 측면 돌로 이어진다. 어떤 기둥은 위아래로 최

전북 부안군에 있는 17세기 후반에 축조된 한국의 전형적 당간

대 4개까지 구멍이 뚫려 있는데, 보통 원형이지만 사각형인 경우도 있다. 측면 돌의 분명한 목적은 둘 사이에 있는 기둥을 지탱해 주는 것으로, 이들을 막대로 통과시켜 연결하면 지지력이 높아진다.

이러한 건축물은 또한 신유가적 관습에 따른 인간 행동의 모범적인 모델로 측면 돌이 관심을 얻고 있다. 측면 돌 사이의 기둥을 지지하는 것은 하늘로 가는 관문과 그 자비로움의 상징이며, 무질서와 재난으로부터 그 입구를

---

6) 제주시 용수사에 있는 작은 화강암 남근석은 풍수 깃대가 부서진 조각들일 수도 있다.

수호한다는 것이다. 요약하면, 기둥 수호는 하늘과 땅 사이의 호혜적인 관계를 중재하는 것으로, 이는 또한 인간 삶의 운명이다.

높고 쌍을 이루는 기둥 측면 돌은 뚫린 구멍과 대들보를 가진 일반적인 모습과 구조 및 기능 면에서 제주 농가 밖에 서 있는 문 수호상인 정주목과 매우 유사하다. 아마도 이들이 남부 지방과 제주도에서 다양한 인간 주거지 밖에 인간 모양을 한 수호석상을 쌍으로 조각하게 하는 영감의 기원일 수도 있다.

결론: 연상 건축을 통한 이상적인 사회질서 확립

한국의 하늘 기둥과 관련된 쌍둥이 측면 돌은 수호, 지원, 보조 또는 수행이 지상에서 최대의 기둥을 건설하는 데 필수적이라는 사고를 전해 왔을 것이다. 앞서 언급한 바와 같이, 측면 돌이 수호자라는 사고는 한나라 천문학자들이 인식한 이상적인 극지에 가까운 별(주극성)의 구성에 우주 황제인 북극성 근처에 있는 두 수호성의 특별한 위치로 인해 강화되었다.

제주도에 남아 있는 석상들은 섬 주민들이 한때 자신들의 생활환경을 이상적인 신유가적 세계관에 맞추어 개선하고 조정하고자 시도했다는 것을 보여 준다. 신유가적 환경 계획가들과 풍수사들은 천체 세계의 원형이 지상 세계를 유사하게 결정했다고 가정한다. 모든 인간 주거지는 둥근 형태의 신성한 중심과 직사각형의 보호벽, 그리고 성문에 쌍을 이룬 수호자를 규정한 한나라의 천체 원형에 의해 영감을 받았다. 제주도의 주거지 입구 도로에 있는 쌍을 이룬 석상의 형태, 배열, 기능은 한국의 신유가적 관료에 의해 전 영토에 이상적인 사회질서를 각인시키기 위해 의도적으로 행해진 계획과 시도로 해석할 수 있다.

비록 한라산의 '돌하르방'이 오늘날 제주도에 흩어져 있는 쌍을 이룬 옛 석상들 중 가장 잘 알려져 있지만, 이와 관련된 심오한 상징성과 기능에 대해서는 잘 기억하지 못한다. 제주도 사람들이 사는 신성한 장소 밖에 인간 모습을 하고 있는 쌍을 이룬 수호상들의 분포는 하나의 천체 모델에 부합한다. 이들 석상은 한국의 신유가 사회에서 오랫동안 힘을 합친 노력을 통해 천체의 현상을 지상에 유사하게 남겨 놓은 유물이다.

참고문헌

Cammann, Schuyler, 1985, "Some Early Chinese Symbols of Duality," *History of Religions*, 24(2), 215-254.

Chin Song-gi(진성기), 1979, *Cheju Minsokui Mot* [Cheju Island Folkways], 1, 2, Seoul: Yolhwadang, 1979, 1981.

Clark, Charles Allen, 1961, *Religions of Old Korea,* Orig. pub. 1932, Seoul: Christian Literature Society of Korea.

Covell, Jon Carter, 1983, "Dragon-Headed Poles," *Korea Herald*, 16 (July), 6.

Eliade, Mircea, 1961, *The Sacred and the Profane*, New York: Harper Torchbooks,

Feuchtwang, Stephan D. R., 1974, An *Anthropological Analysis of Chinese Geomancy*, Vientiane: Editions Vithnagna.

G.S.S.G., 1926, "Some Notes on the Remains of a Phallic Shrine in Japan," *Journal of the North China Branch of the Royal Asiatic Society,* 57, 199-200.

Gale, James Scarth, 1975, *Korean Sketches*, Orig. published in 1898, New York: Fleming H. Revell Co.

Hyon Yong-jun(현용준), 1980, 1981, Personal interviews, Cheju National University.

Jin, Chang-soo(진창수), 1983, "War of the Rocks: Yoobanseok and Moobanseok," *The Islander* (Cheju National University) 12월 31일, 12.

Kim Byong-mo(김병모), 1983, "On the Korean Stone Image," *Korea Journal*, 23(3),

52-57.

Kim Kwang-hyop(김광협), 1985, "Dol Harubang Odi Kamsukwang?," [Whither Stone Grandfather?] *Wolgan Kwanguang Cheju* [Monthly Tour of Cheju], 1 (January), 83-97.

Kim Sok-ik(김석익), 1976, "T'amna Kinyon" [T'amna Chronicle], Orig. pub. 1918, trans. Kim Kye-yon, In *T'amna Munhonchip* [A Collection of Literature on T'amna], 333-453, Cheju City: Education Department of Cheju Province.

Kim T'ae-gon(김태곤), 1983, "A Study on the Rite of Changsung, Korea's Totem Pole," *Korea Journal*, 23(3), 4-19.

Needham, Joseph, 1956, *Science and Civilisation in China*, 2, Cambridge, England: Cambridge University Press.

Rhie Jong-chul and Kim Kwan-yong(이종철·김관용), 1984, *Hanguki Songshin Anghyon Chijosa* [A Field Survey on Phallic Culture in Korea], National Museum of Kwangju Research Report no. 9.

Rutt, Richard, 1972, *James Scarth Gale and His History of the Korean People,* Seoul: Royal Asiatic Society, Korea Branch.

Song Ji-chun(송지춘), Interviewed 1981, Cheju Island.

Soothill, William Edward, 1951, *The Hall of Light: A Study of Early Chinese Kingship,* London: Lutterworth Press.

Starr, Frederick, 1918, *Korean Buddhism*, Boston: Marshall Jones.

Stotzner, Walter, 1934, "Ein Reise nach Quelpart," *Forschungen und Fortschritte*, 425-426.

제3장
축복과 불멸의 섬[1]

현재 제주라고 불리는 섬에 대한 문헌 기록은 고대 중국 왕조의 역사에서 시작한다. 칼 비숍(Carl Bishop, 1923: 46-47)은, 춘추전국 시대(기원전 480~221년)인 기원전 5세기에 양쯔강 하구 지역의 엘리트들은 "동쪽에 있는 어느 섬으로 도망쳤다…."라고 기록하고 있다. 이 탈출은 중국에서 통치자들이 북중국해('동해')나 그 인근에 있는 신성한 산과 섬에서 자란다고 믿는 '장수 또는 불멸의 약초'에 사로잡혀 있던 시기보다 약간 전에 이루어졌다(Needham, 1971: 551).

'세 신성한 산'으로 불린 삼신산 또는 '신성한 섬'은 당시 중국 해안 지역, 즉 현재 장쑤(江蘇)의 거의 반대 지역에 위치했을 것으로 추측되었다. 이러한 신화의 섬은 불멸의 신성한 버섯류가 엄청나게 많을 것으로 알려졌다

---

1) 이 글은 1987, *Architecture of Ideology*(Berkeley, CA: University of California Press)에 대한 간략한 논의를 수정하여 새롭게 작업한 것이다.

(Williams, 1980: 233). 이 '장수 식물' 또는 '불멸의 식물'은 종종 미술품이나 문학작품에 버섯으로 기술되는데, 한국어로는 '불로초'라 불린다.

세 불멸의 섬 중 하나는 영주(Yongju)로 알려져 있는데 역사적으로 제주도와 연관되어 있다. 영주는 사실 제주도의 여러 역사적·문학적 이름 중 첫 번째 이름이다. 제주는 동중국해 북부 유역의 푸른 바다에 홀로 있는 섬이어서 일찍이 전설적인 삼신산 중의 하나로 확인되었다. 더구나 아주 높고 고립된 산인 한라산(원래 '축복받은 섬의 산'을 의미하는 영주산으로 불림)은 중국인들에 의해 하늘과 땅을 잇는 일종의 가교였다고 믿어졌다(Bauer, 1976: 99). 나중에 신유가 사회에서 은하계는 하늘과 바다를 연결하는 연결고리라고 널리 믿으며 영주산은 '은하수를 끌어내리는 봉우리'라는 의미의 '한라산'이 되었다. 또한 항상 고립되고 강한 바람에 노출된 제주도는 고대 축복의 섬 기준에 적합하다. 예를 들어, 중국 역사가인 사마천(司馬遷, 기원전 145~87년)은 다음과 같이 기술했다.

(그 섬은) 사람이 사는 곳에서 그렇게 멀지 않지만 불행하게도 (섬의) 도착 지점에 도달했을 바로 그 시간에 배가 바람에 의해 역류하는 … 동해의 한가운데에 있다. 옛날에는 (섬에) 도달하는 데 성공한 사람들이 있었다. 이곳은 불멸의 사람들이 살고 새와 네발짐승이 흰색이다. 궁전은 금과 은으로 만들어졌다. 아무도 (이 섬에) 두 번 도달하지는 못한다. 사람들은 (이 섬을) 멀리서 구름처럼 보지만 접근하면 섬은 물속으로 사라진다. 사람들이 아주 가까이 가면 바람이 갑자기 이들의 배를 먼바다로 밀어낸다. 요약하면, 아무도 섬에 상륙할 수 없었다(Hume, 1940: 52-53; Needham, 1971: 551-553; Yetts, 1919: 42에 인용된 내용).

중국 왕조 역사는 중국의 '첫 황제'가 보낸 서복(徐福)이 첫 장기 동해 탐험 기간 동안 축복의 섬을 발견하고 실제로 상륙해서 불멸의 섬 주민과 그들의 신성한 식물을 흥정한 후, 무역의 조건을 전하기 위해 서쪽으로 황제에게 돌아갔다고 적고 있다. 서복에 대해 마지막으로 들은 이야기는, 그가 이번에는 젊은 여성, 무역상, 기술공과 더불어 다섯 가지 곡물의 씨앗을 더 많이 공급받은 후 동해로 다시 항해를 나섰다는 것이다. 그는 중국으로 돌아오지 않았다.

여기서 한국의 민속학자들이 제주도의 '삼성신화' 전설에 나오는 '벽랑국'이라고 부르는 이야기의 일부 세부 내용은 이 역사적 기록과 만나게 된다. 누가 제주도로 '오곡 씨앗'을 가져왔는가? 아마도 서복 또는 고대에 불멸의 신성한 식물을 찾다 좌절한 그의 선조일 것이다.

제주도의 예전 지명은 서복의 항해와 관련한 중국 왕조의 역사를 확인시켜 준다. 특히 '서부로의 귀환 항구'라는 의미의 서귀포라 불리는 고대 남쪽 해안 정착지는 서복의 항해를 기념한다(Chin Song-gi, 1975: 112-113). 다른 섬 지명은 '축복의 섬'이 제주라는 것을 더욱 확인시켜 준다. '흰색 사슴 호수'라는 의미의 백록담은 한라산 분화구 안에 위치한 호수이다. 분화구 가장자리에서 호수를 내려다보는 곳은 섬 주민들이 한때 나이 든 사람의 별(Old Man Star) 또는 노인성(老人星)을 경축했던 전통적인 장소이다.

산 정상에서의 이 오래된 의식은 막대한 돈을 들인 영화 판타지의 환상적인 상상력의 소재인 듯하다. 이 의식이 정기적으로 한라산 정상에서 초봄과 늦가을에 행해져, 제주 사람들은 죽을 듯한 추위를 감내해야 했다. 15세기 후반에 의식을 행하는 장소가 제주성에 가까운 고도가 낮은 곳으로 새로이 정해지며 이 전통은 중단되었다. 이후 이 의식은 지역 민속 전통이 아니라 정부에서 치르는 의례가 되면서 점차 '유가적 전통'이 되었다(Kim Sok-ik, 1976: 377; Chin Song-gi, 1977: 25).

높은 한라산은 아마도 풍수 논리에 따라 하늘의 축복이 땅으로 내려오는 직접적인 통로로 개념화되었기 때문에 '은하수를 끌어내리는 봉우리'로 지정되었다. 하늘의 축복이 땅으로 쏟아지는 우주의 힘에 대한 이러한 이미지는 고대 전설에 의해 섬에서의 많은 초자연적 현상에 대한 설명을 제공해 왔다. 아래에 이러한 현상들 중 몇 가지를 간단히 언급해 보고자 한다.

중국과 한국의 전형적인 예술 작품 속에는 불멸의 신성한 식물들로 둘러싸인 채 흰 사슴을 타고 있는 수염 기른 노인의 모습이 종종 나타난다. 사슴은 장수 식물을 먹고 이 습생은 흰색으로 표현된다. 흰색 사슴, 매혹적인 식물, 불멸, 그리고 축복받은 섬 사이의 관계에 대해서는 윌리엄스(Williams, 1980: 116)가 더 자세히 설명한다. 흰색 사슴은 중국인들이 매우 오랫동안 산다고 믿어서 장수의 상징이 되었다. 이 사슴은 불멸의 신성한 식물을 찾을 수 있는 유일한 동물이다. 앞서 언급했듯이, 섬 주민들은 노인성을 한라산 정상에 있는 백록담이 내려다보이는 분화구 가장자리에서 의식을 행하며 관찰했다. (물론 오늘날에도 아직 그곳에서 볼 수 있다.) 주변의 숲은 언제나 버섯 천국이었다. 이러한 지역 상황은 중국 역사에 오랫동안 기록되고 극동아시아의 예술과 문학에서 묘사되어 온 축복의 섬(Blessed Isle) 이미지에 아주 잘 맞는 듯하다. 더군다나 동중국해의 악명 높은 풍랑으로 고립되어 독특한 전통을 지니고 멋진 모습을 보이는 제주는 또한 가장 원초적인 축복의 섬 묘사에 잘 들어맞는다.

불멸의 신성한 식물이 제주도에서 자라든 아니든 그 종류가 무엇인지보다, 그것이 중국의 동해에 있는 축복의 섬에서 자란다고 추정했다는 사실이 더 중요하다. 또한 이 믿음은 초기 항해자들을 제주도, 나아가 다른 지역으로 향하게 했고, 인구도 늘어나게 했을 것이다. 예츠(Yetts, 1919: 62)는 "우리는 그 (축복의 섬) 개념이 중국의 초기 해양 탐험과 항해를 강력하게 자극했다는 것을 확신할 수 있다."라는 의견을 제시했다.

이 주제에 대해 좀 더 자세히 설명해 보자. 중국의 초기 동중국해로의 탐험은 또한 한나라, 한국, 일본 사람들 간의 무역 관계를 활발하게 했다. 현재의 제주도에 대한 역사 문헌은 이러한 무역 관계와 더불어 늘어났고, 항해하기 위험한 제주도 근처의 동해를 북쪽에서 통과하기 위해 바다에 더 적합한 배가 건조되었다. 제주 사람들은 처음에는 이 무역에서 적극적인 역할을 했을 테지만, 조선 시대에 이르러 연안어업과 운송에 필요한 요구를 넘어서는 섬 주민들은 뛰어난 항해 전통은 사라진 듯하다. 제주 섬을 본토의 공식적 유배지로 전환시키며 제주 주민들이 항해에 적합한 배를 소유하는 것을 금했을 것은 의심할 여지가 없다. 근해 자원을 이용하기 위해 섬 주민들은 작은 뗏목을 이용한 것이 특징적인 조업 형태이다. 이들 뗏목은 제주도의 특이한 어업 환경에 잘 적응했지만 항해용 선박이라고 하기는 어려웠다.

이제 한라산의 이해하기 힘든 '불멸의 식물'이라는 주제로 본격적으로 돌아가 보자. 종종 곰팡이류로 묘사되는 이 인기 절정의 성스러운 식물은 아직 제주도에서 그 정체가 밝혀지지 않았다. 매우 비용이 많이 들고 대담한 항해를 무릅쓰게 하며 일찍이 중국인들이 제주도와 접촉하게 만든 이 식물은 무엇이었나? 한라산의 숲이 우거진 황무지에서 번성하는 식용 버섯은 확실히 한때 한국, 중국, 일본의 주요 교역물이었으며, 오늘날에도 주요 수출 품목으로 남아 있다. 그러나 이 흔한 식용 버섯이 축복의 섬을 찾기 위한 중국인들의 탐험을 나서게 하지는 않았다.

광대버섯

    와슨(Wasson, 1968년)은 중국인들로 하여금 동해로 탐험을 시작하게 한 불멸의 신성한 버섯은 실제 독버섯의 일종으로 흔히 광대버섯(fly-agaric)이라 불리는 향정신성의 버섯 아마니타 무스카리아(Amanita muscaria)라고 설득력 있는 주장을 한다.

    이 흰 점이 있는 화려한 붉은 버섯은 곰팡이와 식물이 공생하는 균근(mycorrhiza)으로, 유라시아와 북아메리카에서는 소나무 및 자작나무의 뿌리와 공생 관계를 유지하며 성장하는 것이 발견된다. 이 나무들은 한라산의 외딴 숲, 예를 들면 영실 또는 한라산의 신성한 정상으로 가는, 오래된 의식이 치러지던 관문인 '마법의 장소' 황무지에서도 발견된다. 영실은 울창한 숲, 짙은 안개, 새소리, 항상 물이 흐르는 폭포 등으로 유명하다. 간단히 말해 영실은 제주도의 신비로운 지리 '샹그릴라(Shangri-La)'[2]이다.

---

2) 역주: 영국 작가 제임스 힐턴(James Hilton)의 1933년 소설 『잃어버린 지평선(Lost Horizon)』에 나오는 중국 쿤룬산(崑崙山) 서쪽 끝의 신비롭고 조화로운 계곡인데, 은유적으로 지상낙원, 세상으로부터 고립된 영원한 행복을 누릴 수 있는 땅을 지칭할 때 사용한다.

1979년 제주대학교 참고자료실에서 아름다운 삽화가 그려진 푸른 가죽으로 제본된 청구기호가 매겨진 와슨(Wasson)의 『소마(Soma)』[3] 초본을 발견하고는 상당히 놀랐다. 이 책은 680부만 인쇄되었는데, 현재 애호가들의 고전으로 아마 책 경매에서 2,000달러 정도는 호가할 것이다. 필자는 섬을 연구하며 이 특정한 섬에서 이 특정 시기에 이 특별한 책을 접하게 된 계기가 자주 한라산을 여행하는 동안 즐겼던 경험과 거의 동시에 발생해서 이를 행동으로 이어질 어떤 전조로 받아들였다. 필자는 여름 내내 그 희귀한 버섯을 찾아 높은 산속의 숲을 걸으며 보냈다. 어느 지점에서는 개울에 인접한 좁은 산길을 가로지르는 햇살 가득한 바위에 웅크리고 있는 독사를 지나갔다. 운 좋게도 필자는 뱀의 꼬리가 아니라 뱀의 머리를 밟았다!

여기서 한라산의 높은 경사는 오랜 역사 동안 여러 차례 무장 대원들을 위한 일종의 '셔우드 숲(Sherwood Forest)'[4] 피난처였다는 것을 언급해야 한다. 제주도민들은 몇 차례 본토의 권위적 지배에 저항하는 역사적인 반란을 일으켰다. 패배자들은 일반적으로 해안으로부터 내륙과 산으로 들어갔다. 몇 세기 전 제주도의 불교는 신유가 정부에 의해 무자비한 탄압을 받았다. 20세기 초에는 일부 섬 주민들과 일본인 거주자들이 공모해 기독교인을 학살하기도 했다.

보다 최근인 1945년 8월 초에는 일본군 부대가 수많은 산기슭에 미로 동굴을 파고, 미군의 공격에 대비하고 있었다. 제주대학교 캠퍼스 방문객은 도서관 옥상에서 서쪽을 바라보면, 히로시마 폭격 바로 직전 몇 년 동안 일

---

3) 역주: 고대 인도의 소마라 불리는 신성한 식물로, 와슨은 소마를 광대버섯과 달리 환각성 버섯이라는 주장을 학자와 일반인들에게 펼치며 상당한 관심을 불러일으켰다.
4) 역주: 영국 노팅엄셔 지역의 빙하기 말부터 나무가 성장하기 시작한 왕립 삼림으로 로빈 후드(Robin Hood) 전설과 역사적으로 연관되어 유명하다.

1980년경 영실 근처에서 약초를 수집하는 섬 주민

본군이 구축한 수많은 동굴이 있는 분석구를 직접 볼 수 있을 것이다. 일본의 원자폭탄과 그에 따른 항복으로 미국인들이 제주도에 상륙한 적은 없었다. 일본인들은 산악의 벙커를 그대로 남겨두고 돌아갔다. 몇 년 뒤 '4·3사건', 더 정확하게는 '1948~1949년의 제주항쟁'이 발생했다. 항쟁 유격대는 당시 많은 일본군이 만든 동굴을 차지했다. 수만 명이 죽었다. 이 모든 일은 이제 슬픈 역사이지만, 정상에서 주변의 언덕과 계곡의 장관을 관찰하며 생각하는 시간을 가지려는 한라산 방문객은 외딴 전쟁터를 겸허히 기억하고 산에서 내려오며 평화로운 미래를 위해 열심히 일할 것을 다짐할 것이다.

제주도에서의 야외 답사는 한라산 전 지역의 외딴 삼림 지역을 걸으며 진행되었는데, 광대버섯이 자라는 것을 발견하지 못했다. 필자는 제주도에 16개월 동안 머물 때 광대버섯 컬러 사진을 가지고 다니며 섬 주민들에게 그 버섯을 직접 체험했는지 물어볼 기회가 많았다. 사진을 본 섬 주민들은 버섯이 산에 있다고 종종 응답했다.

필자는 특히 무당, 불교 승려, 상업용 식용의 표고버섯 재배자, 약초 재배자, 나무꾼, 등산객 등의 반응에 관심이 많았다. 필자는 광대버섯을 찾을 수 있는 가장 가능성이 높은 지역은 절이 있고 숲이 우거진 영실일 것이라고 믿었다. 그러나 필자가 묻는 질문에 단 몇 명의 버섯 재배자와 등산객만이 긍정적으로 대답했다. 예를 들어, "그래, 정말 산의 높은 곳에" 그리고 "물론, 어제도 길가에서 봤어." 두 노신사는 각기 사진 속의 버섯이 '상서로운' 분위기에서만 나타난다고 대답했다. 누가 보기에도 광대버섯을 알고 있을 법한 무당과 성직자들은 굉장히 부정적으로 대답을 해서, 말하고 싶지 않을지도 모른다는 생각이 들었다.

중국 후한 시대(서기 25~220년) 영주는 중국 왕조 역사에서 초자연적인 곳이 아니라 실제적인 장소가 되었다. 그 후 동아시아 전역에서 축복의 섬으로 인식되었던 이전 한라산의 신비와 낭만은 많이 사라졌다. 물론 제주도 원주민들은 더 잘 알고 있고, 예로부터의 경의를 표하는 믿음과 의례는 20세기까지 지속되었다.

참고문헌

Bauer, Wolfgang, 1976, *China and the Search for Happiness*, trans. Michael Shaw, New York: Seabury.

Bishop, Carl Whiting, 1923, "The Historical Geography of Early Japan," *Geographical Review*, 13(1), 40-63.

Chin Song-gi(진성기), 1975, *Namguki Chimyong Yure*[South Country Place-Name Origins], Seoul: Hanil.

Chin Song-gi(진성기), 1977, "Tangsin: Cheju Shamanism," *Korea Journal*, 17(8), 24-35.

Hume, Edward H., 1940, *The Chinese Way in Medicine*, Westport, Conn.: Hyperion.

Kim Sok-ik(김석익), 1976, "T'amna Kinyon" [T'amna Chronicle], Orig. pub. 1918, trans. Kim Kye-yon, In *T'amna Munhonchip*. [A Collection of Literature on T'amna], 333-353, Cheju City: Education Department of Cheju Province.

Needham, Joseph, 1971, *Science and Civilization in China*, Part 3, Cambridge, Eng.: Cambridge University Press.

Wasson, Gordon R., 1968, *Soma, The Divine Mushroom of Immortality,* New York: Harcourt Brace.

Williams, Charle, A. S., 1980, *Outlines of Chinese Symbolism and Art Motives*, 3rd rev. ed., Taipei: Chu Chong.

Yetts, W. Percival, 1919, "The Chinese Isles of the Blest," *Folk-Lore*, 30, 35-62.

신비, 성실, 모험의
제주 전통 경관

제2부

넝 실

제4장
듬돌[1]

제주도는 방문객들에게 지방색을 찾아 즐길 수 있는 많은 모호하고 신비한 기회를 제공한다. 이들은 제주도의 농촌 경관에서 유물이 된 잊혀진 지혜들로 잠시 하던 일을 멈추고 평화롭게 되새겨 볼 만한 것들이다. 제주도는 다시 방문해 과거의 작은 조각들을 경험하며 이들 수많은 풀리지 않는 신비로움을 통해 퍼즐을 맞추는 시간을 가지려는 사람들에게는 살아 있는 과거이다.

일생 동안 무거운 돌을 밭에서 옆이나 그 너머로 옮겨야 했던 제주 농부들이 한때 이 돌을 재미로 들어올렸다는 것은 역설적이고 시적이다. 정말로 재미로 들었을까? 제주에서 오래 산 노인들은 돌 들기 놀이가 대중적이었고 섬 전체에 퍼져 있었다고 기억한다. 돌 들기 경쟁은 농부들이 단체 활

---

1) 이 글은 1984, "The Lifting-Stones of Cheju Island(제주도의 듬돌)," *Korean Culture*, 5(1), 30–33을 수정하여 새롭게 작업한 것이다.

듬돌이 남아 있던 제주 지역

동을 통해 긴밀히 서로 간 그리고 자연과 관계를 맺는 좋은 사례로, 겉으로 보기에는 구경거리 운동으로 보이지만 자세히 살펴보면 그 자체로 정치적으로나 사회적으로 중요하다는 것을 알 수 있다. 과거의 돌 들기는 모든 전통 마을에서 전해지는 이야기의 일부로 제주 사람들의 건전한 정신을 보여 주기에 적합한 상징이다. 위 지도는 돌 들기 전통을 가진 일부 마을을 보여 준다.

제주의 지표면에 널리 분포하는 돌은 악명이 높다. 화산재로 덮인 토지의 일부는 농업 목적으로 개간이 성공적으로 이루어졌지만, 이는 자연석을 제거하기 위해 몇 세대가 허리가 부서지는 노동을 투입하고서야 가능했다. 제주에서 지표면의 돌을 실제로 제거하고 재배치하는 일은 항상 원주민의 지성에 도전을 감내하게 했다. 제주도에서는 수백 년 동안 들판에서 힘들여 모은 돌들을 흔히 건축자재로 사용했다. 역사적으로 각각의 돌은 주택, 헛간, 무덤, 벽을 쌓는 용도로 사용되고 다시 재사용되곤 했다.

1981년에 정의마을 송지천이라는 80대 노인이 기묘한 돌멩이가 길가에 방치되어 있는 옛 사거리로 필자를 데리고 갔다. 그는 이 돌을 '드는 돌', 제

마을 담벽 아래 반 정도 시멘트로 덮여 있
는 버려진 듬돌

주 사투리로 '두듬돌' 또는 '듬돌'이라고 알려 주며, 이 돌이 67년 전 마지막 돌들기 시합에서 사용되었다고 기억하고 있었다.

한때 운동경기로 들어올렸던 많은 돌들이 아직도 제주도 곳곳의 한적한 마을에서 발견된다. 이들 수십, 수백 개의 돌들은 이제 용암석으로 쌓는 벽의 가장 기초부에 사용된다. 이러한 돌담은 보편적으로 제주 어디에서나 마을 내 구불구불하고 좁은 길을 만든다. 특히 예전 마을의 역사적 중심부 근처에 세워진 이러한 담들은 낡고 버려진 돌 도구와 가공물들이 모여 만들어져 흥미롭다. 인내심 있는 돌담 관찰자는 여기서 맷돌, 초석, 그리고 때때로 끼워넣은 듬돌을 발견할 것이다

듬돌은 이제 더 이상 옛 마을 사거리나 그 인근에서 찾을 수 없다. 그러나 1985년 필자는 신엄마을의 오래된 나무 그늘에 먼지로 뒤덮여 있는 평균 60kg, 주위 둘레가 1m 정도 되는 4개의 둥근 듬돌을 발견했다. 아마도 제2차 세계대전 이전에 사라졌지만 한때 유행했던 관습에 따라 필자와 동료는 먼지를 제거한 다음 4개 중 2개를 들었다.

대다수 제주의 돌담에 사용된 돌은 작은 구멍이 나 있는 각진 현무암이지만, 듬돌로 쓰인 돌은 대부분 둥글고 매끄럽고 치밀한 모양으로 돌담 돌과는 뚜렷이 구분된다. 제주시 근처 마을에서 발견한 듬돌 중 일부는 실제 핑

크빛 흰색이었다. 원형의 균형 잡힌 모습은 사람이 조각한 것이 아니라, 한라산으로부터 바다로 향해 있는 암석 계곡에서 폭풍우가 칠 때 거칠게 굴러 내리거나 해안 동굴이나 해변 바위 사이에서 구르며 자연스럽게 만들어진 것이다. 우측 사진은 제

고산마을의 둥근 듬돌

주도 서쪽 끝에 위치한 고산마을에 있는 특히 곱고 거의 완벽하게 둥근 돌이다.

돌 들기 시합은 몇 가지 수준에서 해석될 수 있다. 외견상으로는, 그리고 대다수 노인들이 공통적으로 기억하는 것은, 이 시합이 기분 전환과 재미를 위해 이루어진 단순한 힘겨루기였다는 것이다. '누가 마을의 챔피언인가? 글쎄, 모두 듬돌 주변에 모여 한번 보자!'

돌 들기 시합은 현대의 역도 못지않게 복잡했다. 몇 가지 드는 방식이 있는데, 각각의 방식은 여러 다른 근육들을 조율할 수 있는 숙달된 사람을 필요로 했다(Chin Song-gi, 1981: 34; Cho Won-gil, 1984). 그 외 서로가 적대적인 마을들은 서로의 듬돌을 훔치려 했다. 그렇다면 듬돌은 운을 좋게 하고 재난을 예방할 수 있는 힘을 가진 마을 부적이었을까? 현대의 섬 주민들은 비공식 인터뷰에서 듬돌을 숭배한 적은 없다고 부인하며 그런 생각은 어리석다고 말했다.

마을의 돌 들기 시합은 젊은이들에게는 통과의례였으며, 엄격히 말하면 남성의 특권이었다. 따라서 제주의 돌 들기 시합은 그리스, 스코틀랜드, 독일, 스위스와 같은 다양한 장소에서 한때 행해진 전통적인 남성다움의 힘

성읍마을에 방치된 **듬돌**과 어린이

점검으로 분류될 수 있다. 이런 돌 들기는 아직도 바스크(Basque) 지방 양치기들 사이에서 행해지고 있다(State, 1982).

제주 돌 들기 시합의 기원을 설명해 주는 한 민담이 있다. 이 이야기는 섬 주민들에게 풍수의 영향이 컸음을 다시금 보여 준다. 풍수 이론은 어떤 인간 건축물도 보편적으로 자연과의 조화에 개입하고, 마을 사람들의 운명에 심각한 결과를 가져온다고 가정한다.

약 250년 전 대림이라 불리는 마을의 주민들이 풍수 '박사' 또는 풍수사로부터 마을의 서쪽이 위험할 정도로 약한 지세라는 충고를 들었다. 불안해하던 주민들은 마을의 서쪽 경계에서 거대한 돌 하나를 들어 다른 돌 위에 올려서 인위적으로 그 방향을 보강하라는 지시를 받았다. 두 거대한 돌을 굴려서 그 자리로 가져갔는데, 이 돌을 쌓을 방법을 찾을 수 없었다. 마을은 애매한 곤경에 빠졌다. 신기하게도 이 마을의 젊은 박씨가 돌 하나를 끌어안고 혼자 힘으로 들어 다른 돌 위에 올려놓았다. 곧이어 이 마을은 번창하기 시작했고, 이후 한동안 입석, 즉 '서 있는 돌' 마을로 알려졌다. 입석마을은 오늘날 같은 의미를 지닌 순수한 한국 이름인 선돌마을로 더 알려져 있다.

대림과 수원 마을 사이에
있는 '선돌'

대림과 선돌(입석)은 한때 인접했던 두 마을을 최근 하나로 합친 것으로 보인다.

입석의 서쪽, 돌이 쌓인 곳 바로 너머에 수원마을이 있다. 입석마을은 몇 년간 번성하고 수원마을은 침체했다. 수원마을 사람들은 결국 동쪽의 입석마을 사람들이 만든 인공 돌무더기 때문에 자신들에게 불운이 생겼다며, 입석은 수원의 동쪽 경계를 어지럽혀 운세를 방해하고 있다고 비난했다.

수원마을은 습격대를 급파하여 위에 놓인 돌을 넘어뜨렸다. 힘센 청년들을 많이 거느리고 있는 입석마을 주민들은 쓰러진 돌을 재빨리 제자리로 옮겼다. 그러나 다음날 그 돌은 다시 쓰러져 있었다. 다시 올려놓았다. 다시 쓰러졌다. 이 일은 수십 년 동안 반복되었다(Hyon Yong-jun, 1976: 217-219).

이 전설은 대림마을의 돌 들기 시합이 아마도 마을의 반목을 기념하거나 청년 박씨의 강인함을 칭찬하기 위해 시작되었을 것으로 추정하게 해 준다. 이 풍습은 대림으로부터 다른 마을로 확산되어 갔을 것이다. 위의 사진은 대림마을 주민들이 확인한 그 전설의 선돌인데, 현재 '쓰러져' 있다. 돌이

'올려져' 있던 것을 보았다고 기억하는 마을 사람이 아무도 없어 대림–수원 마을 간의 경쟁은 근대 시기 이전에 사라졌을 것으로 추정된다.

제주도에서 듬돌과 상징적인 돌더미는 이전에 비해 현재 훨씬 덜 보편적이라는 것은 의심할 여지가 없다. 이러한 쇠퇴는 중세 제주도의 특징인 돌의 형이상학적 상징성이 현대사회에서는 더 이상 의도된 사회적 기능을 하지 못했기 때문이다. 한때 의미를 부여받고 지역의 정신적·세속적 의식에 포함되었던 어떤 돌들은 오늘날 그 가치를 잃었고, 급격히 변화하는 가치관과 기술의 시대에 빠르게 잊힌 제주 경관을 구성하던 요소이다.

대림마을 남쪽의 한림에는 마을 내 나무 밑에 반은 묻히고 반은 잊힌 듬돌이 있다. 이 특별한 듬돌은 한림마을의 습격대가 대림마을에서 옮겨 온 것으로 전해진다(H. C. Pak과의 1981년 인터뷰).

대림마을의 듬돌을 한림마을이 소유하고 있는 것은 한림이 시장 중심지로 대림마을을 넘어 지배력이 커졌음을 보여 주는 노획품이다. 제주의 듬돌은 한때 실제로 마을 간 힘을 비교하는 데 사용되었다. 돌은 간접적으로 마을의 번창과 청년들의 우수성을 대변해 주기 때문에 큰 돌을 가진 마을은 자랑스러워했다. 게다가 낯선 사람이 대담하게 마을에 들어갔다면 돌을 들어 보라는 말을 들을 위험을 무릅써야 했다. 듬돌 들기에 실패하면 지역 청년들의 손에 매질을 당할 수도 있었으며, 그

H. C. Pak과 한림마을 듬돌

후에 불법 침입에 대한 배상으로 음료를 사야 하기도 했다(Chin Song-gi, 1981: 34-35).

농부들이 밭에 있는 돌 치우기에서 이제 경작과 작물 가공에 더 많은 힘을 쏟으면서 제주도의 듬돌 들기에 대한 관심은 줄어든 것 같다. 각 마을을 둘러싼 농촌 경관에서 경작이 가능한 땅은 모두 점유되고 정비되어, 마을 농부들의 공동체 정신의 축을 이루던 상징

제주도의 전통적 돌 제거기(제주대학교 박물관에 전시된 사진)

은 듬돌에서 방아로, 그리고 다른 공공 영역의 어디론가로 바뀌었다. 오늘날 제주의 듬돌은 등골 빠지는 힘든 고생과 그 고생에서 비롯된 놀이의 유산으로 남아 있다.

듬돌에 대한 노인들의 견해로부터 판단하건대, 듬돌 시합은 제주 농부가 자급적 농사를 지을 때 특히 힘들게 했던 밭에 있는 돌들과의 대립을 의례화시킨 것으로 보는 것이 타당할 것이다. 제주의 청년들은 밭에서 지친 하루를 보낸 후 듬돌을 복수심으로 맞서야 할 이유가 있었다. 마을 사거리에서 그늘에 돌이 한가로이 있는 것을 보기만 해도 일에 지친 농부들은 이 돌을 들어 보려는 도전 욕구를 느낀다. 이러한 열정은 그 기원이 모호하긴 하지만 적지 않게 마을의 사회적 관습의 지배로부터 나왔을 것이다.

그러나 돌이 섞여 있지만 경작이 가능한 토양의 세계 모든 지역에서, 그리고 땅을 개간해야 하는 반복적인 과정이 가장 중요한 정착 농업 지역에서 돌은 종종 마을 주민들이 자연, 사회, 일반적 삶 속에서 자신들의 장소에 대

한 충성스런 태도를 표현하는 일상적인 은유로 오랫동안 지역의 민속에 광범위한 의미를 가진 대상으로 생각되었다(Kim Yong-don, 1970). 예를 들어, 뉴잉글랜드의 돌 경관과 로버트 프로스트(Robert Frost)의 멋진 시 「담장 고치기(Mending Wall)」[2]를 생각해 보라.

듬돌은 가공할 만하다기보다는 애처로워 보였고, 먼지 속에 홀로 그리고 인간 활동의 중심지에 웅크리고 있었다. 밭에서 일하며 단단히 자리 잡고 있는 무수히 많은 돌에 압도되어 무력감을 느꼈던 젊은 농부들은 마을 중심에 홀로 있는 듬돌 주변에 둘러서서 돌을 들어올리며 성취감을 즐겼을 것이다.

돌과의 씨름은 청년 개개인의 권리였다. 실제로 돌을 드는 것은 드물었지만, 잠시나마 돌-자연에 대한 감격적인 승리였다. 마을의 듬돌은 섬 주민들의 친족 체계와 유사하게 주변에 있는 다른 모든 돌들의 아버지였다. 마을의 듬돌을 들어올리는 것은 이 사람과 마을 주민들이 선행과 근면으로 자연 질서 속에서 이곳을 존중받게 하는 돌-자연의 메시지를 담고 있다.

비록 듬돌 들기 시합은 제주도에서 더 이상 이루어지지 않지만, 잊힌 돌들은 아직도 이곳저곳에 남아 나이 든 마을 사람들에게 농부들의 공공 영역 내에서 공동체 정신을 드러내던 예전의 의미를 생각나게 한다. 한때 농촌 마을 사회에서 듬돌 들기를 하며 즐거워했던 때를 오늘날 기억할 수 있는 사람은 거의 없다. 제주도의 듬돌은 외부인들에게 자신들의 결속을 드러내고, 개별 농가들이 생계를 위한 영농의 어려움을 극복하며 마을 단위로 주

---

2) 역주: 1914년에 출간된 시집 『보스턴의 북부(North of Boston)』에 첫 번째 등장하는 시로, 뉴잉글랜드 농촌에서 이웃한 농부 두 명이 각자의 농장 담을 고치며 필요도 없는 담장이 있다는 것에 의문을 제기하면서, 동시에 담장이 좋은 이웃을 만든다는 내용을 담고 있다.

민들이 서로 모여 소리를 지르며 우정을 나누는 광경 속의 주인공이었다.

참고문헌

Chin Song-gi(진성기), 1981, "Ddung Dol" [The Lifting-Stone], In *Cheju Minsokuimot* [Cheju Island Folkways], Seoul: Yonhwadang, 34-35.

Cho Won-gil(조원길), 1984, "Ttung Dol Stone," *The Islander* (Cheju National University) 1 (January), 4.

Hyon Yong-jun(현용준), 1976, *Chejudo Chonsol* [Cheju Island Legends], Seoul: Seomoon Moongo, 217-219.

Kim Yong-don(김영돈) (ed.), 1970, "The Relationship of the Stone and the People as Reflected in Cheju-do," *Korean Folklore*, 3, 23-38.

Pak H. C., interviewed in 1981.

State, Oscar, 1982, "Weight-lifting," *Encyclopedia Macropaedia*, 15th ed., 8, 516-518.

제5장
돗통시: 돼지우리 변소[1]

    이 장은 제주도에 관한 일상 대화 주제 가운데 하나인 돼지우리 변소를 소개한다. 아마도 변소에 대해 쓰는 것을 미개하고 불경스럽고 불쾌한 일로 생각해 항의하는 사람은 인류의 가장 오래되고 현명한 농업 전통의 하나에 대한 자신의 무지함이나 편협함을 드러내는 것이다. 안타깝게도 소로(Thoreau)[2]조차 의도적으로 『월든(Walden)』에 있는 자신의 화장실 시

---

1) 이 글은 1985, "Cheju Island's Pigsty-Privies: The Architecture of Sincerity(제주도의 돼지우리 변소: 성실의 건축물)," *Landscape*, 28(3), 15-21을 수정하여 새롭게 작업한 것이다. 일부는 1987, *The Architecture of Ideology*, 173-185; 1989, "A Study of the Interactions of Human, Pig and Pork Tapeworm[Taenia solium](인간, 돼지 그리고 인간돼지촌충[갈고리촌충])," *Anthrozoos*, 3(1), 4-13; "Pigsty-Privies in Prehistory? A Korean Analog for Neolithic Chinese Subsistence Practices(선사시대 돼지우리 변소? 신석기시대의 중국과 유사한 한국의 생존 풍습)," In S. Nelson, (ed.), 1998, *Ancestors For the Pigs*, MASCA, 15, 11-26에서 상세하게 다루고 있다.
2) 역주: 헨리 데이비드 소로(Henry David Thoreau, 1817~1862)는 미국의 철학자이자 수필가로 대표작 『월든: 숲속의 생활』(1854)은 숲에서 혼자 생활한 기록으로 자연과의 조화를 이루는 삶을 내용으로 담고 있다.

설에 대한 언급을 독자들에게 하지 않는다. 심지어 자연을 우상적으로 사랑하는 사람들조차 의도적으로 분변과 관련한 주제를 피하며 스스로를 납득할 수 없게 자연으로부터 고립시키지만, 분변에 공포를 느끼나 이로부터 벗어나 '어색함을 깨뜨리고' 싶은 사람은 러포트(Laporte, 2000)와 토머스(Thomas, 1989)가 쓴 학술 간행물을 읽거나 아래에 제시되는 내용을 읽으며 회복을 시작할 수도 있을 것이다.

영국 링컨셔 애플비에 있던 돼지우리 변소, 1895년경(http://www.appleby-lincoln shire.co.uk/OutbuildingsPrivies.html)

농업의 역사로부터 돼지우리 변소는 한때 전 세계에 널리 퍼져 있었으며, 살기 좋은 영국(Merry England 또는 Merrie Olde England)[3]에서조차 그 사례를 찾을 수 있다.

제주도의 돼지우리 변소는 농업 근대화의 세계적인 맹주들에게 분명하게 대항하는 '마지막 보루'이며, 일상적인 경험이 아직 인간의 기억 속에 남아 있는 곳이다. 몇몇 세계 여행자들, 특히 오스트레일리아인은 자신들의 주제를 흥미롭게 여기는 경향이 있다. 누구보다도 골동품학자와 심층생태학자들은 이를 심오하게 여긴다. 예를 들어, "평범한 돼지조차도 일곱 개의 별을 닮은 뒷다리에 일곱 개의 반점을 가지고 있다고 한다…"(Rufus, 1913: 27).

어둡고 단단한 화산암으로 만들어진 돼지우리 변소는 제주 방언으로 '돗

---

3) 역주: 중세와 산업혁명기 사이의 초기 근대 영국에서 만연했던 한가로운 목가적 생활양식에 기반한 사회와 문화를 스스로 낙원으로 인식하는 자기 정형화를 나타낸다.

제주도 민속박물관에 전시된 옥외 돼지우리 변소. 안내판에는 "이곳은 우리 선인들이 사용하던 돼지우리 겸용 재래식 변소입니다. 현재는 사용하지 않고 있으며 옛 모습 그대로 보존하고 있습니다."라고 쓰여 있다.

통시'라 불리는데, 한때 모든 제주 마을에 보편적으로 나타났고, 돗통시의 일상적 사용은 섬 주민들의 자급적 농업에 필수적인 것이었다. 그러나 돼지우리 변소의 사용은 정부 법령으로 금지되고 있다. 아직까지 건축적 문화유물로 볼 수 있는 원형에 가까운 돼지우리 변소는 제주도 표선에 있는 민속박물관에서 전시물로 찾을 수 있다. 다른 곳에서는 이러한 변소의 버려진 유해들만이 남아 있다. 다음에서는 제주 마을과 시내에서 전성기를 이룬 후 오랜 시간이 지났지만 필자가 1970년대 초에 처음 접했던 것처럼, 현재 시제로 제주 돼지우리 변소에 대해 이야기해 보고자 한다.

전통적인 제주 가정의 돼지우리 변소는 감각적 인상이 너무 강해, 도시 서양인들이 처음 접했을 때 그 친숙한 냄새, 질감, 광경, 소리, 그리고 아마 (경험했을) 쏘는 냄새가 나는 구덩이에 앉아 있는 동안 느끼는 어지러운 긴장감은 때로 너무 압도적이어서 구역질이 나기도 한다. 전형적인 제주 농촌의 돼지우리 변소는 사투리로 통시라 불린다. 통시는 돌로 지어진 원형 울타리로, "친근한 돼지들은 섬 주민들이 손도 대려 하지 않는 것도 먹으려 한다"(Chin Song-gi, 1979: 24). 건축학적으로 돼지의 세계는 섬 주민들 주택의 축소판으로 주거지 안에 위치한다. 다음 그림은 돼지우리 변소의 주요 건축적 요소를 나타내고 있다.

건축의 기본적 특징은 높여진 변소와 아래로 뚫린 지하에 돼지집을 포함한 울타리 쳐진 돼지우리가 있다. 보통 변소, 돼지우리, 돼지집의 담은 모두 같은 청흑색의 주택을 지을 때 쓰는 화산암으로 사용했다. 아래 사진에서 돼지우리 변소 구조물은 전경 왼쪽에 위치하고 있다.

농촌 지역 대다수의 변소는 일부분 또는 전체가 담으로 둘러싸여 있다. 지붕은 종종 사람이 거주하는 주택처럼 바람에 견딜 수 있도록 단단히 묶인 억새로 덮여 있다. 마을과 시내의 변소와 돼지집 지붕은 이제 아연도금을 한 철판으로 만들어진 것을 많이 볼 수 있다. 변소 문은 있는 경우도 있는데, 겨울에 요강을 사용하지 않는 사람들에게 보호막이 된다. 문이 없는 변소는 대개 주택의 내벽을 가까이에서 마주한다. 변소 안은 거칠게 자른 화산석을

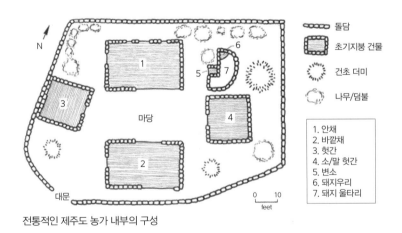

전통적인 제주도 농가 내부의 구성

제주의 변소. 좌측 사진의 전경 왼쪽, 그리고 가까이에서 찍은 사진. 1974년 촬영

높게 쌓아 단단한 돌담을 만들어 폭풍우로부터 보호하고, 돌들은 느슨하게 쌓여 있어 어두울 때에도 일부 바람과 빛을 통과시킨다. 쪼그리고 앉는 자리의 중앙에는 구멍이 뚫려 있다.

한국의 농촌에서 '시멘트 시대'의 모범 사례인 새마을운동이 널리 퍼지고 강제된 1970년대가 시작되며 높이 앉는 변소는 급작스레 미리 제작된 콘크리트 판으로 바뀌었다. 원래의 변소에 있는 앉는 자리는 불안정하게 두 개의 넓적한 돌로 이루어져 있다. 변은 그 아래의 바닥으로 자유낙하가 이루어져 우리 안의 돼지들이 접근한다.

변소 돼지들은 얼마나 높이 뛰어오를 수 있을 까? 종종 쉽게 직접 닿을 수 있는 곳에는 튼튼한 막대기를 설치해 아래에서 변을 먹는 열정적인 돼지들을 그곳에 머물러 있도록 한다. 우리 안에서 돼지들은 자유롭게 변소 아래를 다니고 우리 한쪽 편에는 덮인 곳을 만든다.

돼지우리에는 다양한 부패 단계에 있는 유기물 깔개짚들이 흩어져 있다. 또한 큰 돌그릇이나 단단한 용기를 두어 먹다 남은 음식과 물을 돼지에게 먹일 때 사용한다. 변소 돼지는 오래전에 극동 지역 등에서 비료와 식량을 공급하기 위해 사육되었기 때문에 그 외양과 기질이 감금 상태의 상황에 따라 결정되었다. 19세기 서양 관찰자는 한국의 돼지를 "매우 작고 … 항상 검은색이며 혐오스럽다. 뻣뻣한 털은 등뒤를 따라 서 있고, 이들은 여위고 활동적이며 특히 반항적인 습성을 가지고 있다"(Bishop, 1898: 162). 심오한 우주의 이미지는 여기에 없다! 제주도를 방문했던 다른 서양 사람들처럼 위험을 싫어하는 이 모험가에게 한국의 돼지는 단지 못생기고 혐오스러웠다. 이러한 이유와 더불어 위생과 질병 예방이라는 모호한 이유로, 한국의 경제 계획가들은 새마을운동이 한창일 때 돼지우리 변소가 제주도의 관광 증진과 어울리지 않는다고 판단해 결국 1985년경 법령으로 사용을 금지했다.

앞서 언급한 것처럼, 돼지우리 변소는 사람이 사는 주택 울타리 안에 대부분 위치한다. 뒷간은 '별채'라는 뜻의 한국말로 글자 그대로 '밖의 뒤(out back)'를 의미한다. 대다수의 경우 변소 위치는 주거지에 필요한 모든 건물

제주 돗통시(좌)와 돌로 만든 먹이 그릇(돗도고리, 우)

들을 배치할 때 동시에 결정된다. 위치 선택은 거의 항상 풍수사에 의해 결정된다.

전형적인 돌로 지은 울타리가 쳐진 변소를 사용하는 사람들은 돼지 소리를 들으며 악취가 나고 마음에 들지 않는 지하 감옥 같은 장소라고 불평을 하면서 들어간다. 그러나 섬 주민들은 이런 돼지우리 환경에 오래전부터 익숙해져 있고, 장기 방문자들은 반드시 이에 적응해야 한다. 더운 여름에는 거미, 귀뚜라미, 파리, 설치류들이 동시에 나타나 활발하게 움직이면서 돼지우리 변소를 강렬한 감각적 모험의 장소로 만든다.

모험? 틀림없이 그렇다. 예를 들어, 어느 달이 없는 더운 여름밤에 배탈이나 감귤 농장에 있는 돼지우리 변소로 고장 난 손전등을 들고 뛰어갔던 날을 기억한다. 몇 차례 넘어지며 마침내 목적지에 도착해 문을 열고 어둠 속에서 자리를 잡았다. 그때 뜻밖에 손전등이 켜져 필자가 있는 것을 전혀 알지 못하고 내부의 벽면 돌에 달라붙어 쉬고 있던 1,000마리 정도의 귀뚜라미 떼를 놀라게 했다. 갑자기 번쩍이는 전등 빛에 눈이 멀어지자 귀뚜라미들이 모두 동시에 뛰어올랐다! 갑자기 벌레 떼에게 공격을 받자 비명소리가 밤을 갈라 놓았다. 필자에게는 잊지 못할 이 사건은 곧 마을 사람들 사이에 오랫동안 재미난 이야깃거리가 되었다는 것을 알게 되었다.

돼지우리 변소의 강렬한 감각적 환경을 소개하는 것은 제주도에서 자급적 농업의 생존력을 오랫동안 유지시켜 준 인간과 돼지 사이의 다양한 기능적 관계를 다루기 위한 적절한 서막이다. 이러한 관계는 제주 농부들에 의해 삼단논법 또는 3단계 농사 논리라는 말, 즉 1) 돼지 먹이는 공짜고, 2) 돼지고기는 먹고, 3) 밭은 기름지게 된다로 간결하게 정리되었다(Woo, 1965: 111). 그러나 이러한 기능적 관계에 대해서는 좀 더 구체적으로 언급할 필요가 있다.

변소 돼지는 농부들에게 비료 공장의 역할을 함으로써 필수적이다. 제주도의 돼지우리 변소는 농부들이 배설물 재활용 계획을 저비용으로 세울 필요가 있는 모든 곳에서 맞닥뜨리는 문제에 직면한 지역적 해법이다. 이러한 해법은 열대지방 전역에 널리 퍼져 있다. 돼지에게 먹이는 분뇨(인간 배설물) 사용을 포함한 재활용 관행은 비록 비위생적일 수 있으나 남아시아, 아프리카, 중앙아메리카의 수많은 국가(Polprasert and Edwards, 1981: 3), 중국의 극동 지역(Hsu Cho-yun, 1980: 97), 류큐섬(Glacken, 1955: 71; Pitts et al., 1955: 190), 그리고 제주도(Park and Chyu, 1963: 161)에서 전통이었고 현재도 그렇다. 이러한 쓸모없는 인간 배설물 처분의 보편적인 문제에 대한 광범위한 해결책은 탐구하고 논평할 가치가 있다.

유기비료의 가치는 수세기 동안 중국, 일본, 한국 사람들에게 인정되어 왔다. 농작물 찌꺼기와 돼지 배설물을 함께 섞으면 질소 함유물과 미네랄이 풍부한 비료가 된다. 한두 마리의 돼지를 비료 공장으로 손으로 기르며 제주 농가는 항상 돼지고기 식량과 현금 소득, 그리고 무엇보다 중요하게 유기농 비료를 위한 돼지 똥거름을 확보할 수 있었다.

인분을 먹이로 사용해 돼지 배설물을 생산하는 데 수반되는 논리적인 문제는 극동 지역의 역사에서 상당히 일찍 해결된 것으로 보인다. 돼지우리 변소가 중국에서 오래전부터 친숙하고 중요했다는 것은 중국 한나라 무덤에서 출토된 돼지우리와 화장실이 이웃하고 있는 구운 점토 모형을 통해 알 수 있다. 다음의 두 사례가 이를 보여 준다.

고대 농경 생활의 평범한 일상을 대표하는 물건들이 왕과 함께 매장되도록 선택된 것들 중 하나였다는 사실에 비추어, 돼지우리 변소는 농업 체제

중국 한 왕조의 무덤에서 나온 구운 점토로 만든 변소와 돼지우리 모형

의 중요한 부분이었다는 것을 말해 준다. 그 중요성에 대한 증거는 또 있다. 한때 '돼지우리'와 '변소'를 모두 중요시했다는 것은 한국인들이 '혼'으로 발음하는 중국의 표의문자 '圂'에서 찾을 수 있다.

뒷간 혼, 가축 환: 변소, 돼지우리

분명히 1970년대 초에 필자가 관찰했던 제주도와 변소 돼지 간의 오래되고 가깝고 애틋한 관계는 동아시아 지역에서 오랫동안 확립된 관계와 유사한 사례가 시문스(Simoons, 1967: 27)의 인용에도 나타나 있다.

전통적인 경제에서 돼지는 남은 음식과 짚을 먹이로 살아가는 집안 청소부였다. 돼지들은 쓰레기장에서 자고, 인간의 배설물과 쓰레기를 먹었다. 따라서 그들은 인간의 소화기관이 직접적으로 흡수할 수 없는 특정의 식물 영양분을 육류로 전환하였을 뿐만 아니라, 중요한 건강 기능도 수행했을 수 있다. 갈고리촌충과 같은 인간의 기생충은 돼지의 창자에서 파괴되었을 수 있다.

제주도 돼지우리 변소의 건강 기능은 약간 논란의 여지가 있다. 변소 돼지 사육은 매우 자주 건강에 위험한 것으로 언급되는데, 왜냐하면 위험한 돼지낭충[Cysticercus cellulosae, 기생촌충(Taeniasis)]의 인간 감염은 감염된 돼지고기, 특히 제주도에서 가끔 있었고 아직도 있는 돼지 생고기를 먹을 때 생길 수 있기 때문이다(Kim Seung-ho, 1977; 1982).

1983년에 제주도에서 사용한 화장실의 약 60%는 돼지우리 변소였고, 제주 돼지의 낭충 감염은 61,420마리 중 114마리로 나타나 감염률은 0.1856%로 낮았다(Kim Seung-ho, 1984: 105-106). 같은 자료에서 1960년대 중반에는 제주 화장실의 95%가 돼지우리 변소였다. 당시 섬 주민들의 16%는 소나 돼지 촌충에 감염되었지만, 이 조사에 문제가 있다는 지적 또한 있었다(Park and Chyu, 1963: 172). 따라서 한때 거의 모든 섬 주민들이 돼지우리 변소를 사용했음에도 불구하고 돼지 촌충 질병이 심각한 제주도 주민의 건강 문제였다는 결론을 내리기에는 믿을 만한 자료가 부족하다.

예를 들어, 제주도에서 예방적 주의가 필요한 다양한 돼지 질병 중 촌충 감염은 목록에 없다(Yang and Koh, 1983). 이는 농부들이 돼지를 도살할 때 질병에 걸린 여부를 쉽게 확인할 수 있기 때문이고, 감염된 사체는 완전히 폐기하는데 마을 사람들에 의하면 '바닷물에 던져 버린다'고 한다. 농부들은 독사를 일부러 밟지 않는 것처럼 질병에 감염된 줄 알고서는 돼지고기를 더 이상 먹지 않는다. 따라서 우리는 과거에 소, 돼지 촌충 감염의 두 재난 발생률이 모두 낮았다고 잠정적으로 결론지을 수 있다.

요약하면, 제주도의 돼지우리 변소는 주민들의 건강을 위협하는 위험한 시설이라는 악평을 전혀 들을 필요가 없다. 이 시설은 갈고리촌충 질병을 제외하고는 전체적인 기생충 감염 발생을 낮추는 작용을 하는 것에 많은 전문가들이 동의한다(Park and Chyu, 1963: 183; Bray, 1984: 291; Simoons, 1967: 27). 전문가의 의견은 다음과 같이 나뉘는데, 한 한국 공중 보건 전문가는 한때 돼지우리 변소의 관습은 심지어 한국 본토로 수입되어 야 한다고 제안했었다(Park and Chyu, 1963: 161). 어쨌든 인간의 쓰레기 로 지하수를 오염시킬 수 있는 분뇨 구덩이는 사라져 가고 있는 돼지우리 변소보다 섬 주민들에게 더 나쁜 위협이 될 수 있다(Park and Chyu, 1963: 183).

전형적인 제주 농가의 내부 배치는 농부와 돼지 간의 건조 환경이 물리적 으로 밀접한 근접성을 보인다. 이러한 근접성에 내포된 긴밀한 기능적 관계 에 대해서는 추가로 관심을 기울일 만하다.

유럽인이나 미국인은 제주 농업 체계에 변소 돼지가 포함되어 있는 것을 처음에는 이해할 수 없었을 것이다. 이는 서양에서는 역사적으로 생계형 농 업에 돼지가 아니라 말과 소의 똥거름을 유기비료 원료로 사용해 왔기 때문 이다. 인구가 많은 동아시아에서 경작 가능한 토지의 부족은 역사적으로 중 국과 한국 농민들이 유럽의 중세 농민들의 농법처럼 밭을 놀리는 것을 허 용하지 않았다(Hsu Cho-yun, 1980: 97). 그 결과 땅이 계속해서 경작되는 동아시아에는 방목할 공간이 부족했다. 방목이 중요한 곳에서는 최소한의 가축 사육이 있었을 뿐 아니라, 토양을 지속적으로 사용할 수 있도록 하는 데 이용할 농장 동물들의 똥거름도 중요했다.

제주 토양의 비옥도를 높이고 유지하기 위해 전통적으로 동물 똥거름을 사용하는 것은 지역의 자급적 농업이 훨씬 성공적으로 운영되도록 해 준다. 화산재로부터 생겨난 제주 토양은 질소, 칼륨, 특히 인이 부족하다. 이들은 보통 가축의 똥거름을 식물 부엽토와 섞어 토양에 뿌리면 공급되는 바로 그

영양소이다(Tisdale and Nelson, 1956: 234).

일반적으로 농가의 거름은 가축의 배설물과 농가 가구원(분뇨)의 변을 포함하고 있으며, 이는 토양 비옥도를 높이는 데 사용된다. 인분은 소, 말, 돼지, 양, 닭과 같은 가축의 분변에 비해 실제 질소, 칼륨, 인 함량이 풍부하다 (Yawalkar et al., 1967: 52). 그러나 제주도에서는 인분보다 돼지 분뇨를 퇴비로 만드는 것이 전통적인 방식이다. 제주 주민들은 인간 배설물은 토양 산성도를 악화시키지만 돼지 배설물은 알칼리성이어서 적합하다고 믿었기 때문에 그렇게 해 왔다(Park and Chyu, 1963: 167).

제주 사람들은 변소 돼지 사육이 노동력 투입 없이 퇴비를 제공할 뿐만 아니라 실제 냄새와 해충을 줄여 준다고 주장한다. 인간의 분변은 농가에서 그곳에 버린 불필요한 유기 폐기물과 함께 축사 울타리 안에 있는 잡식성의 청소부 변소 돼지들이 먹어 치운다. 돼지 똥과 깔개는 쌓여 햇살이 드는 돼지우리에서 풍족하고 병원체가 없는 퇴비로 만들어진다. 돼지가 우리 주위를 배회할 때 그 움직임은 퇴비 물질에 공기를 공급하고, 유기 폐기물의 생물학적 분해를 가속화한다. 이 퇴비는 언젠가는 퍼내어 거름으로 밭에 뿌려진다.

곡물 윗부분의 영양분이 많은 껍질은 돼지 사료의 상당 부분을 차지하는 반면, 제주 농부들은 껍질을 벗긴 영양분이 적은 곡물을 먹는다는 사실이 역설적이다.

일반적으로 동물 똥거름은 보통 가축의 고체인 똥과 액체인 오줌 배설물이 우리의 바닥재로 사용되는 짚과 같은 흡수성 깔개와 섞인 것이다. 제주 토양에 가장 적합한 유기물을 제공할 수 있는 가축과 쓰레기 종류를 면밀히 조사해 보면, 제주도의 자급 농업 체제가 돼지를 포함하고 있는 지혜를 발견할 수 있다. 제주도의 변소 돼지는 비록 '야위고 활발'하지만, 아마 섬에서 전통적으로 사육되어 온 동물들 중 가장 효율적으로 제주의 화산 토양에 필요한 영양분이 많은 유기비료를 생산할 것이다.

전통 시대의 제주 돼지는 일반적으로 작았지만 다른 가축들도 작았다. 게다가 돼지는 번식력이 강하고 수가 많으며, 말과 소보다 사료비가 적게 들었다. 여기에 더해 돼지는 쉽게 먹을 수 있었지만, 말과 소는 너무 귀해 농민들이 먹을 수 없었다.

돼지거름에는 질소, 칼륨, 특히 인이 말이나 소 거름보다 풍부하게 포함되어 있다. 이는 특히 인이 부족한 토양이 분포하는 제주도에 중요하다. 농장 동물들로부터 만들어진 유기비료는 부피가 크고, 곡물 껍질과 섞었을 때 영양분 대 질량 비율이 낮아, 거름을 밭으로 옮기는 노동 측면에서 변소 돼지가 비료의 주요 공급원으로 사용될 때 가장 효율적이다.

돼지우리 변소 바닥재로 사용되는 깔개와 관련하여, 제주도에서 이용할 수 있는 곡물 윗부분 짚은 세계 다른 곳에서 자급적 농업의 거름을 위해 사용하는 다른 깔개보다 많은 광물질을 함유하고 있다. 제주에는 인이 풍부한

표 1. 여러 가축의 분뇨와 보리짚 깔개

동물	변의 무게 (톤)	보리짚 무게(톤)	전체 무게 (톤)	포함 성분(파운드)		
				질소	인	칼륨
말	9	3	12	158	61	145
소	13.5	1.5	15	171	47	148
돼지	15.25	3	18.25	180	122	170
양	6.25	3.5	9.75	154	65	175
닭	4.25	–	4.25	85	68	34

출처: Tisdale and Nelson, 1956, 237쪽에서 수정.

표 2. 여러 가축의 분뇨와 보리짚 깔개의 광물질 구성

동물	젖은 변 100회 분량이 포함하는 성분(파운드)			마른 변 100회 분량이 포함하는 성분(파운드)		
	질소	인	칼륨	질소	인	칼륨
말	.55	.60	.33	2.29	1.25	1.38
소	.30.	.20	.10	1.67	1.11	.56
돼지	.60	.50	.40	3.75	3.13	2.50
양	.60	.30	.20	3.75	1.87	1.25
닭	1.63	1.54	.85	6.27	5.92	3.27

출처: Jenkins, 1935, 5쪽의 자료를 수정. 돼지는 다른 큰 가축에 비해 화산섬 제주의 농업에 필요한 부족한 성분을 보충하는 데 가장 유용한 영양분(예: 인)을 함유한 폐기물을 효율적으로 공급한다.

작은 고사리가 널리 분포하고 있다는 것도 언급해야 할 특징이다(Wilson, 1979: 69). 비록 고사리가 돼지우리에서 깔개로 사용되지는 않지만, 농부들은 고사리를 채집해 먹는다. 따라서 고사리의 영양소는 인간 분변의 성분에 남아 돼지거름으로 바뀌어 결국 밭을 비옥하게 한다.

마지막으로 고려할 내용은 온대와 냉대 기후에서 사용되는 모든 동물 거름 그리고 제주도에서 생산되는 거름은 장기적으로 지역의 토양에 이로운 영향을 미친다는 것이다. 그들의 상당한 잔존 가치는 축적되어 목적 가치와는 반대로, 동일한 경작지에서 계속 농사를 지어 갈 후속 농부들에게서 나타난다.

요약하면, 돼지우리 변소는 기술을 그다지 적용하지 않고 경작을 하는 토지에 적합한 장기적인 투자이고, 한 가족이 밭을 물려받아 성공적으로 경작을 이어 가는 것과 밀접히 관련되어 있다. 유기비료에 비해 화학비료는 목적 가치만 있고 잔존 가치의 혜택은 없다. 그러나 화학비료만을 이용하는

표 3. 여러 바닥 깔개의 영양분 함량

깔개 종류	질소	인	칼륨
밀짚	.53	.1	1.1
콩짚	1.84	1.2	1.3
쌀짚	.46	.42	1.62
갈대	.27	.45	1.55
녹색 고사리	2.16	.32	2.1
초지 풀	.55	.1	.6
바나나 잎	2.2	.38	2.9
사탕수수 쓰레기	.8	.16	.6
감자 윗동	1.4	.15	.8
이끼	.1	.1	.3
토탄	.6	.1	.1
톱밥	.2	.1	.2

출처: Jenkins, 1935, 6쪽을 수정.

것이 새마을운동에서 장려되었다! 동시에 돼지우리 변소는 그다지 이치에 맞지 않는 공중보건을 이유로 사용하지 못하도록 했다.

그러면 농촌에서 돼지우리 변소를 없애서 치르는 경제적·사회적 비용은 얼마나 될까? 토양 생산성의 장기적 안정과 특정 토지와 연계된 장기적 가족 관계는 농업 생산의 단기적 가치 증가보다 더 높게 평가되었어야 할 것이다.

1970년대 제주 농촌의 농부들은 또한 재빠르게 변소 돼지를 임대하거나 팔았을 때 그들이 받은 현금 이익을 포함하여, 원시적이지만 실용적인 돼지우리 변소를 유지해야 하는 여러 이유를 확고하게 열거했으나 무시되었다. 섬 주민들은 의례가 있는 경우 자신의 돼지를 잡아 이웃, 특히 단백질이 필요한 가장 가난한 사람들까지 포함해 나누며 마을 결속을 강화했다. 또한 귀와 코가 반쪽인 제주 변소 돼지는 농가 집을 지키는 유용한 파수꾼이 되었다. 이러한 많은 이유로 제주 돼지우리 변소는 한국의 옛 농촌 유물로서 최근까지도 기억에 남아 있다.

제주도 문화 경관에 남아 있는 돼지우리 변소의 자취는 아직도 과거 일상의 농업 활동에 포함되었던 지혜에 대한 이해를 가시적이고 실천 가능하게 높여 주는 기회를 제공한다. 돗통시는 첫인상에는 중요하지도 매력도 없는 문화적 특징으로 다가올 수 있지만, 인간의 생존에 거의 잊혀진 것으로부터 가치 있는 교훈을 얻을 수 있는 대상이기도 하다.

참고문헌

Bishop, Isabella Bird, 1898, *Korea and Her Neighbors*, New York: F. H. Revell.

Bray, Francesca, 1984, *Agriculture. Science and Civilisation in China*, 6(2) (Joseph Needham), Cambridge: University Press.

Chin, Song-gi(진성기), 1979, *Cheju Minsok Mot* [Cheju Island Folkways], 1, 2, Seoul: Yolhwadang, 1979 and 1981. (In Korean).

Cho Hae-joang(조혜정), 1979, "An Ethnographic Study of a Female Divers' Village in Korea," Ph. D. dissertation in Anthropology, University of California, Los Angeles.

Hsu Cho-yun, with Jack Dull (ed.), 1980, *Han Agriculture*, Seattle: University of Washington Press.

Glacken, Clarence, 1955, *The Great Loochoo: A Study of Okinawan Village Life,* Berkeley: University of California Press.

Jenkins, S. H., 1935, *Organic Manures,* Pub. No. 33, Harpendale, England: Imperial Bureau of Soil Science.

Kim Seung-ho(김승호), 1977, "Survey on Taeniasis Infection and Raw-Pork Eating

Habits in Jeju-Do," *Faculty Research Papers: Natural Sciences* (Cheju National University) 9, 83-87. (In Korean).

Kim Seung-ho(김승호), 1982, "Survey of Taeniasis Infection and Eating Habits of Raw Pork on Cheju Island," *Cheju National University Faculty Research Journal: Natural Sciences,* 14, 65-70. (In Korean).

Kim Seung-ho(김승호), 1984, "Relationship between Cysticereus cellulosae Infection and Feeding Conditions of Swine on Jeju-do," *Cheju National University Faculty Research Journal: Natural Sciences*, 17, 103-111

Laporte, Dominique, 2000, *History of Shit*, Cambridge: The MIT Press.

Murrell, K. D. and Z. Pawlowski, 2006, "Capacity Building for Surveillance and Control of *Taenia solium*/cysticercosis," In *Capacity Building for Surveillance and Control of Zoonotic Diseases, Proceedings*, FAO/WHO/OIE Expert and Technical Consultation, Rome (June 14-16), 44-52.

Park Chai-bin and Chyu Il, 1963, "A Socio-Epidemiological Study of the Swine Pen Human Latrine System Practiced on Cheju Island," *Journal of the Catholic Medical College*, 7, 161-186.

Pitts, Forrest, W. P. Lebra, and W. P. Suttles, 1955, *Post-War Okinawa*, Washington D.C.: Pacific Science Board, National Research Council.

Polparsert, Chongrak, and Peter Edwards, 1981, "Low-Cost Waste Recycling Processes in the Tropics," Paper presented at the Regional Workshop in Rural Development Technology, Korea, Advanced Institute of Science and Technology, Seoul, May 25-29.

Rufus, W. Carl, 1913, "The Celestial Planisphere of King Yi Tai-jo," *Transactions of the Royal Asiatic Society, Korea Branch*, 4, 23-72.

Simoons, Frederick J., 1967, *Eat Not This Flesh: Food Avoidances in the Old World*, Madison: University of Wisconsin Press.

Thomas, Gerald, 1989, "Functions of the Newfoundland Outhouse," *Western Folklore,* 48, 221-243.

Tisdale, Samuel L. and Werner L. Nelson, 1956, *Soil Fertility and Fertilizers*, New York: Macmillan.

Wilson, Michael, 1979, *Korea/United Kingdom Livestock Project: Cheju Island, August 1966 - December 1979,* Seoul: Korea Office of Rural Development.

Woo, Rak-ki(우락기), 1965, *Cheju-do.* Seoul: Korean Geographical Institute. (In Korean with English summary).

Yang, Ki-chun and Koh Ja-myung(양기준·고자명), 1983, "Principle Control Measures of Domestic Animal Diseases Distributed on Cheju Island," Faculty *Research Papers: Natural Sciences* (Cheju National University), 15, 63-71.

Yawalkar, K. S., J. P. Agarwal and S. Bodke, 1967, *Manures and Fertilizers,* 2nd Rev. ed., Nagpur, India: Agri-Horticultural Publishing House.

제6장
트로이 목마 같은 경운기[1]

그리스 신화에 나오는 '트로이 목마'의 전설은 유명하다. 이 전설은 널리 알려져 있으며, 학술지인 『서구문명연보(Annals of Western Civilization)』와 서구의 대중문화에도 자주 인용된다. 이 전설의 요지는 트로이전쟁(기원전 1100년경)에서 그리스가 오랫동안 트로이를 함락시키지 못해 점점 지쳐가고 있을 때 협잡꾼 오디세우스는 일시 퇴각하는 척하면서 '선물'로 거대한 목마를 남겨 두는 기이한 작전을 고안해 냈다. 승리한 트로이 사람들은 자신들의 확실한 승리에 도취되어 냉철했던 판단력이 흐려졌다. 이들은 선물용 말이 자신들의 강인함과 용기에 대한 그리스인의 공물이라고 착각했다. 이 선물은 성곽도시 안으로 굴려 들여졌다. 그러나 트로이 목마는 그 안

---

[1] 이 글은 1988, "The Walking Tractor: Trojan Horse in the Cheju Island Landscape(경운기: 제주도 경관의 트로이 목마)," *Korean Studies*, 12, 14–38; *Tamla Munhwa*(1990, 10: 1–28)에 게재된 원고를 수정하여 새롭게 작성한 것이다.

경운기:
제주도 경관의 트로이 목마

에 몇 명의 그리스 군인을 은닉시키는 계략이었다. 그리스군들은 어둠을 틈타 목마에서 나와 성문을 열었다. 거짓으로 퇴각했던 그리스군은 몰래 성문가까이로 돌아와 숨어 있다가 성문이 열리자 돌격해 트로이를 함락시켰다. 그리스군은 놀란 트로이 사람들을 학살하고 그들의 기념물과 가장 소중한 전통을 파괴시켰다. 오늘날 '트로이 목마'라는 용어는 배반한 적이 주는 위장된 선물을 의미한다.

이 유명한 그리스 전설을 이 글의 주제로 채택한 이유는, 짧은 제주도의 격동적인 근대화 역사에 잘 알려지지 않은 한 사건을 이 사례와 비교하며 비판적으로 이해해 보고자 해서이다. 트로이 목마와의 비교는 근대화 과정 초기에 발생한 한 이야기를 경제성장의 어두운 면으로 드러내 보려는 것이다.

한국의 초기 역사는 한반도 남서쪽 심해에 위치한 '주호(州胡)'라는 이름의 큰 섬을 언급한다. 주호섬 주민들은 키가 작고 이상한 언어를 사용한다. 이들은 머리를 짧게 자르고, 소와 돼지를 기르며, 몸을 가죽으로 반 정도만

경운기

가리고 있다. 이 외딴섬 사람들은 또한 본토 그리고 일본 사람과 해상 무역을 한다. 이들은 어디서 왔을까? 이를 알기 위해서는 중국의 왕조 역사를 살펴보아야 한다.

중국의 초기 역사에 등장하는 '최초의 황제'는 전임자에 의해 고대부터 시작되었던 해안 제례를 유지했다고 한다. 황제는 전설적인 '축복의 섬'과 이곳에 서식하는 불멸의 신성한 식물을 찾아 철저히 준비된 항해자를 북중국해로 파견했다. 이 항해는 젊은 남자와 여자들, 그리고 많은 비용을 들여 종자, 가축, 농기구 및 기타 물품을 갖추었고 서복(徐福)이라는 이름의 모험가가 이끌었다.

뗏목으로 이루어진 이 선단의 장기 항해는 일본과 류큐제도를 포함해 중국과 가까운 곳에서 먼 곳에 이르는 여러 지역을 성공적으로 식민화했을 것이다. 이 중국 항해자들은 북아메리카 서부 해안까지 표류했을 가능성도 있다. 한라산은 중심부의 화산이 높아 가깝게 보이고 멀리서도 잘 보여 중국의 가장 동쪽 해안에서 정동쪽을 향하는 항해의 첫 번째 주요 상륙지였을 것이다. 제주도의 자급적 농업의 역사는 이들 고대에 해양을 표류하던 사람들에 의해 시작되었고, 현재까지 거의 수백 년 동안 지속되어 일부 주민들의 기억 속에서는 아직도 계속되고 있다. 제주도의 전형적인 자급적 농촌 마을 모습을 보여 주는 아래 사진은 20세기 중반 근대화가 시작되지 않은, 경운기가 도입되기 이전에 찍었을 것이다.

한국의 인구조사 기록에 제주도가 최초로 나타난 것은 1420년으로, 19,000명의 주민이 살았고, 섬 크기는 약 1,813km²를 약간 넘으며, 인구밀도는 약 2.6km²당 27명밖에 되지 않았다. 1980년대 말 제주도 전체 인구는 약 60만 명에 다다르고, 약 1,813km²당 800명이 살고 있었다. 1980년 당시 제주도의 1/4이 약간 넘는 면적이 경작되고 있었으며, 이들의 약 80%는 놀라울 정도로 세분화되어 있는 밭농사 지대였다. 당시 대략 33,000헥타르의 토지가 43,000개의 농가에 의해 경작되었는데, 농가의 3/4은 1헥타르 미만의 밭에서 농사를 짓고 있었다. 농지 소유는 전통적으로 소규모였을 뿐 아니라 상속이 되며, 점차 더욱 작은 크기로 분할되었다.

경운기 도입 이전의
제주도 농경지

불규칙한 모양의 제주도 경작지

이러한 소규모의 불규칙한 모양의 경작지는 농촌 마을 주변에 만들어졌지만 비효율적으로 널리 분포하고 있었다. 그러나 이러한 모습은 자연재해가 발생했을 때 손실을 최소화하기 위해 자급적 농부들이 어디에서나 취하는 보편적인 경작 방식을 반영한 것이다. 사전에 조정된 토지 분할과 소유지를 널리 분산시키는 지혜는 홍수, 화재, 해충 등으로 한 곳에서 생산이 위험해지거나 파괴되어도 다른 곳에서는 피할 수 있는 오랫동안 검증된 신뢰할 수 있는 농작물 보험 전략이다.

제주도에 불규칙한 모양의 소규모 경작지가 널리 분산되어 있는 또 다른 이유는 불모의 현무암이 어디에나 토양을 뒤덮고 있어 이를 제거하기보다는 피했기 때문이다. 실제로 제주도의 농업 역사에서 가장 오래된 경작지는 단단한 용암층의 경사면을 파고 퇴비와 미역으로 채운 작은 주머니 형태였다. 따라서 모든 마을을 둘러싸고 있는 제주도의 자급적 농업 경관은 전설적인 서복 시절에서 점차 마을 중심부로부터 나선형으로 작은 동네와 마을을 감싸안으며 외곽으로 확장되는, 전형적인 경작지 경관으로 변화했다.

제주도의 자급자족형 농부들이 제작하여 사용한 투박하지만 독창적이고 효과적인 농기구들은 다음 그림과 같다. 현재 이들 제주의 예전 농기구는 공개적으로는 민속마을이나 박물관 또는 지하 다방이나 맥주집의 벽장식에서나 볼 수 있다.

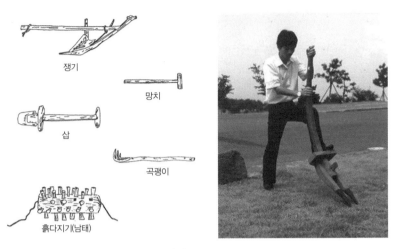

제주도의 농기구들(좌)과 경작지 돌제거기(우)

경운기는 내연 엔진 동력으로 산업화 시대 농부들에게 말, 소, 노새의 대안으로 등장했다. '트랙터(tractor)'는 '견인(traction)'과 '동력(motor)'이라는 두 용어를 압축한 단어로, 이 도구의 주요 효용이 땅을 일구고, 씨를 뿌리고, 잡초를 제거하기 위한 경작에 사용되는 것을 의미한다. 내연 엔진을 가진 경운기가 도입되기 이전에 제주도 사람들은 근력이나 토종 조랑말의 힘을 사용해 원시적으로 쟁기질을 했다.

그러나 트랙터 기술은 지난 세기 동안 급격히 발전해 과거의 생물적 힘을 능가하고, 세계의 농부들에게 단순히 짐을 당기고 미는 것 이상을 할 수 있는 매우 다용도의 주력 동력 기계로 변모했다. 예를 들어, 현대적인 트랙터 엔진은 펌프질, 뿌리기, 섞기, 분쇄하기 등 수많은 농업과 농업 외 활동에 벨트와 체인을 돌려 정지 상태에서도 동력을 제공해 줄 수 있다.

기계화 농업의 초창기 시절에 발명된 최초의 트랙터는 방해물이 없는 비옥하고 무른 토양, 예를 들면 미국 중서부 지역과 같은 곳에서 생산을 증대

말을 이용한 경작

경운기가 끄는 액체 비료 탱크와 호스. 엔진 옆에는 펌프를 위한 벨트 구동부가 있다.

시킬 목적으로 디자인되었기 때문에 크고 무겁고 다루기 힘들었다. 그럼에도 척박한 소규모 농지에서 농사를 짓는 가난한 농부를 위해 특별한 트랙터를 개발하고 생산하는 것은 20세기가 될 때까지 이루어지지 않았다.

경운기[영어로는 로토틸러(rototiller), 동력경작기(power cultivator), 동력경운기(power tiller), 손 트랙터(hand tractor) 또는 정원 트랙터(garden tractor) 등으로 다양하게 기술된다는 1900년대 초 유럽에서 발명된 소형 트랙터이다. 이 발명품은 산업화되는 경제 상황에서 자본의 투자 효과를 최대화하기에는 규모가 너무 작고, 큰 트랙터 사용을 위해 경지를 확장하기도 어려운 스위스 낙농업자의 특별한 수요를 충족시키기 위해 만들어졌다.

스위스 발명가의 시제품은 멀리 일본의 알프스 산지 낙농업자에게 수출되었는데, 이 트랙터 기술은 이후 아시아 지역의 논에도 적용될 수 있는 잠재력을 드러내게 된다.

스위스 그리고 일본에서 경운기는 기초적인 도구를 사용하던 전통적인 농부에게 크기가 작고 조작이 쉬우며 관리가 용이하고 가격이 합리적인 것뿐만 아니라, 사용자가 기계 뒤에 가까이 서서 말이나 소를 유도하는 것처럼 사용할 수 있어 매력적으로 다가왔다. 따라서 동물이나 사람의 힘에 의존한 동력에서 기계적 동력으로의 전환은 전통적인 농가 어디에서도 심리적으로 충격적이지 않았다. 농부의 생물적 동력에 대한 친숙함이 쉽게 기계적 동력으로 이전할 수 있게 되자, 세계 전역의 보수적인 농촌에서 경운기는 빠르게 받아들여졌다. 그 친근감은 서로 다른 언어를 사용하는 세계 여러 나라 농부들이 경운기를 '철마' 또는 '철소'라는 자신들만의 별명을 붙인 데에서도 드러난다.

일본에서 논 경작을 위해 경운기가 급격히 확대된 것은 '농업 근대화의 중대한 진전'으로 언급된다(Hall, 1958). 일본은 스위스에서 그 효용을 드러낸 것처럼 경운기를 초기에는 초지 관리와 밭 경작을 위해 수입했다. 이 기계는 물이 차 질퍽질퍽한 일본의 소규모 논에서도 더 생산적인 용도로 사용될 수 있도록 트랙터 바퀴가 창의적으로 변형되었다. 전형적인 농촌 마을에서 볼 수 있는 이러한 변형은 "트랙터의 효용성 증대와 사용의 경제성에서 확실히 드러난 것처럼 매우 중요한 변화"로 주목을 받았다(Hall, 1958: 320). 일본의 농업 생산성을 높이며, "이 기계는 더 나은 삶의 방식과 '더 높은 문화적 기준'"을 제공했다(Hall, 1958: 320). 경운기의 성공, 그리고 생산성 증대와 이 기계가 구현하는 모든 성과는 긍정적으로 평가되었다. 이러한 생각은 이후 일본으로부터 동아시아 전역으로 기계의 확산과 더불어 파급되었다.

일본 경운기는 한국에서 처음으로 논 경작을 위해 수입되었다. 1962년 이전에는 대동공업사가 경운기를 일본의 미쓰비시사로부터 기술특허를 내어 국내 시장에 공급했다. 이후 농업 기계화가 착실히 이루어지면서 경운기는 한국에서 생산되기 시작했다[안드레 브랜델(Andre Brandel)과의 1985년 7월 18일 개인적 교신]. 1970년대 중반에 정부가 농업 부문으로까지 근대화를 열정적으로 전개하면서 경운기에 대한 수요를 맞추기 위해 몇몇의 한국 회사가 경쟁적으로 등장했다.

박정희 대통령(1961~1979년 재임)은 미국의 경제학자인 월트 로스토(Walt Rostow)의 자본주의 선언문인 『경제성장의 5단계(The Five Stages of Economic Growth)』(1960)에서 영감을 받아 자신의 새마을운동 이념을 전국적으로 확대시켰는데, 부분적으로 경운기 기술이 농촌 근대화 추진의 선두주자로 이용되었다. 미국의 지리학자인 포러스트 피츠(Forrest R. Pitts)는 한국에서 경운기의 전국적 확산을 촉진한 역할로 '경운기의 아버지'라 불렸다.

그러나 필자는 제주도의 근대화 역사에 대해, 1) 토착적인 오랜 사고와 관행의 유지에 가치를 부여하고, 2) 이를 조직적으로 파괴한 박정희 대통령의 새마을운동 역할을 비판적으로 논의하기 위해 도발적인 토착주의자적

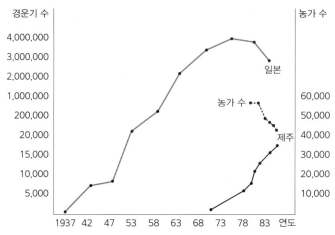

제주도와 일본의 경운기 보유 수와 제주 농가 수. 그래프는 제주도에서 1960년대부터 20년 동안 나타난 경운기 보유 수의 변화를 보여 준다. 비교를 위해 1930년대부터의 일본 경운기 보유 수 변화도 표시했다. 경운기 도입과 비교해 제주도 농가 수는 급격한 감소를 보인다.

(nativistic) 관점을 취할 것이다.

제주도에서 경운기가 보편화된 것은 육지부 습지에서 쌀 생산성을 높이기 위한 합리적인 효율성 추구의 결과인 것과는 다르게 접근해야 한다. 제주도 농업경제에서 쌀 생산은 독특한 자연지리적 이유로 아주 적은 부분만 차지한다. 그럼에도 불구하고 1983년 제주도에는 그래프에서 보여 주는 것처럼 14,000대 이상의 경운기가 있었다.

흥미롭게도 1975년경 제주도에서 경운기를 처음으로 보았다면 땅을 일구고 경작하는 데 사용되는 모습은 아니었을 것이다. 따라서 농부들에게 트랙터가 광범위하고 급작스럽게 받아들여진 것은 다른 이유 때문일 것이라고 결론 내릴 수 있다.

경운기에 대한 홍보와 이용 가능한 여러 기능은 이 기계가 초기에 인기가 높았던 이유일 것이다. 제주도 농부들은 가난했지만 이 기계를 사는 데 낮은 이율(10%)로 첫 대출을 받을 수 있었고, 첫해에는 이자가 면제되었다! 대출을 갚는 기간은 장기 7년이었다. 한국 정부는 새마을운동을 통해 공격적으로 트랙터 구매를 권장하며 쉽게 대출을 받을 수 있게 해 주어, 농부들은 경운기를 구입하는 데 드는 비용의 2/3를 덜 수 있었다.

1985년경 한국 농부들이 최고로 선호하는 경운기는 대동공업사(Dae-Dong Company)가 생산한 8마력 모델이었다. 이 경운기는 무게가 약 450kg이었다. 그러나 그 당시 몇 개의 회사가 국내 시장을 겨냥해 여러 유사한 모델의 경운기를 생산해 선택도 가능해졌다. 모두 휘발유나 등유를 사용했고, 물 펌프와 살충제 뿌리기 같은 고정된 위치에서 동력을 공급하고 끌고 이동하는 견인 용도로 사용할 수 있는 추가 기능은 매력적이었다.

1980년대 제주 농기계연합 대표인 김대구 씨에 따르면, 제주의 첫 경운기는 서귀포시 인근에서 이루어지던 몇 헥타르의 쌀농사 수확을 높이기 위해 구입되었다. 그러나 새마을운동의 전성기였던 1970년대 감귤 농사를 촉

제주시 부둣가에 모아 놓은 경운기, 1985년경. 매일 많은 경운기가 도착한다.

진하며 과수원이 급격히 늘어났는데, 당시 노동을 줄일 수 있는 살충제와 비료를 뿌리는 도구로 인정받아 광범위하게 사용되며 대중화되었다. 소규모로 집중된 과수원은 경운기를 정지시키고 동력을 이용해 긴 호스를 통해 액체를 공급하는 것만으로도 혜택을 볼 수 있었다. 제주는 경운기가 처음 소개되었을 때 곤충들의 낙원이었는데, 섬에 있는 시험장(experiment station)은 겨울 수확 이전 덥고 습한 몇 달 동안 나무마다 약 열 번의 살충제 살포를 추천했다. 섬 전체 수천 개의 감귤 농장에 수십 년 동안 살충제를 뿌렸는데, 제주도 과수원 지역이 아직도 곤충들의 낙원일지는 의문스럽다.

경운기가 점차 증가하는 추세로 감귤 농부들에게 받아들여지던 반면, 가난한 농부들이 고지대에서 경작을 위해 경운기를 사용하는 것 또한 제한적이지만, 특히 경운기는 새마을운동의 적극적인 권유와 보상으로 불가피하게 늘어났다. 경운기가 정부가 계획한 속도로 말, 황소, 암소를 대체하지 않은 이유는 밭에서 경운기를 효율적으로 사용하는 데에 분명한 한계가 있어서이다. 그러나 밭에서 경운기를 사용하는 데 이러한 제약이 있음에도, 왜 제주의 가난한 농부들이 경운기를 광범위하게 사용하고 급격히 증가했는지를 설명해 주지 못한다.

제주의 소규모 접근하기 어려운 밭과 척박한 땅에서 곡물과 채소를 재배하는 가난한 농부들은 경작용으로 트랙터를 구입하는 것을 포기했다. 트랙터 부품들은 돌과 모래에 쉽게 고장이 났으며, 더욱이 화산재와 먼지는 기름이 새지 않게 막는 막이 낡으면 뚫고 들어왔고 공기와 함께 내연기관으로 유입되어 내부를 닳게 하고 엔진을 통째로 망쳤다. 제주의 토양이 부드럽고 진흙처럼 매끄러우며, 산간의 토지가 넓고 접근이 편했더라도 파종, 경작, 잡초 제거 기간이 너무 짧아 가난한 농가에게는 경운기를 사는 것보다 빌리거나 임대하는 것을 추천하는 것이 나았을 것이다. 그런데도 왜 그 많은 저소득 농가에서 경운기를 적극적으로 구입했을까?

　제주도에서는 경운기를 이동 가능케 하는 운송 수단으로 사용하는 것이 더 효과적이었고, 특히 호기심 많고 모험적인 농민들에게는 오랫동안 습관화된 마을 구역으로부터 벗어나게 하는 자유를 주었다. 경운기가 도입되기 이전에는 제주도의 자급적 농부들은 거친 지형, 마을 간 영역 경쟁, 소지역 단위의 외부인 혐오, 그리고 일부 공공연한 친족 간 갈등으로 인해 대다수의 많은 다른 마을과 격리되어 온전히 농촌 환경에서만 일하며 살고 있었다. 이러한 경험은 마오쩌둥 시대 중국 화베이평야의 마을 거주 중국인들과 거의 유사하다. 이 시기 중국은 급격한 농촌 경제 개발을 겪으며 경운기를 제주도에서 도입한 이유와 비슷하게 생활의 일부로 받아들였다. 중국의 경운기 현상에 대한 기록을 보면 다음과 같다.

　중국 농촌 지역 전역에는 잘 알려진 또 다른 형태의 운송 수단이 있는데, 짐차 뒤에 올라타는 것이다. … 오래된 마차는 손으로 운전하는 커다란 두 바퀴의 '걸어가는 트랙터'로 바뀌고 있다. 처음에는 농업을 목적으로 설계되었는데, 이 기계들은 짐차나 사륜차를 본체에 붙여 동력을 가진 사륜차로 쉽게 개조할 수 있다(Chance, 1984: 3).

　중국 농부들에게 경운기는 오늘날에도 기계화된 운송 수단으로서 높은 우선순위를 보이고 있고, 밭에서는 제한적으로만 사용될 수밖에 없어 찾아보기 어렵다.

　이와 마찬가지로 제주 농가의 경우도 경운기를 경작 용도보다 운송 수단으로 받아들였다. 1985년에는 제주도 마을, 읍내 어디에서나 경운기를 볼 수 있었는데, 항상 부속차를 달아 사륜차로 바뀐 모습이었다. 불행하게도 엔진의 마력이 작아 연료 효율은 높았지만 속도는 낼 수 없었다. 제주의 좁은 포장도로에서 속도를 내며 달리는 버스, 트럭, 택시들 사이에 소형 트랙터 트레일러를 타는 농가는 생명의 위험을 무릅써야 함에도 불구하고 편리함 때문에 그 수가 늘어났다. 1980년대에 경운기 사고는 농장이 아닌 다른 곳에서 급격히 증가했다.

정상적인 농부라면 밤에 밭을 일구지 않을 텐데, 공장에서 제작된 경운기는 전조등을 달고 있어 흥미롭다. 더욱 흥미로운 것은 경운기 운행에 운전면허증은 없어도 되고, 경운기 자체도 운송 수단으로 면허를 받지 않았다. 가난한 농부는 이러한 면허나 세금을 낼 수가 없었다. 그러나 이것이 그렇게 놀라운 일인가? 만일 가난한 농부에게 변화와 근대화를 자신들의 삶으로 받아들이도록 하는 것이 정부의 목표였다면, 가난한 농부들에게 저렴한 운송 수단을 제공해 모든 종류의 근대적 기술에 대해 그들이 원하고 필요한 것을 보며 자극을 받고 만족할 수 있는 읍내와 도시로 접근할 수 있도록 하는 것보다 좋은 방법은 무엇일까? 과시적 소비는 일상이 되었다.

경운기를 소유한다는 것은 제주도 사람들을 전통적이고 농촌적이며 자급자족적인 생산자에서, 근대적이고 도시 의존적인 소비자로 변화시키는 계기가 되었다. 1983년에 제주도 사람들은 이미 3.7농가당 경운기 한 대를 가진, 경작지 4헥타르당 경운기가 한 대인 한국에서 가장 기계화된 농업 전문가가 되었다. 그러나 1985년이 되자 제주도 농부들은 육지부 농부들보다 더 많은 부채를 지게 되었다. 놀랄 것도 없이, 수천 명의 부채를 가진 전통적인 제주 농부들은 점점 더 농업을 포기하고 육지부 도시 노동자로 합류

교통수단으로 이용되는 경운기(좌)와 경운기를 자랑스러
워하는 청년들(우)

경운기는 '부유한 사람'과 '가난한 사람'의 차이를 심화시켰고, 이기심과 질투심이 섬 주민들의
공동체 윤리를 심각하게 훼손시켰다.

했다.

　세계 어디에서나 가난한 농부들이 왜 오랫동안 문제없이 사용해 온 동물
의 힘을 이용한 동력 장치를 트랙터로 대체하는지에 대한 많은 이유는 다음
과 같이 정리되었다(Cook et al., 1951: 390–391). 첫째, 농업용 동물 특히
소, 말은 트랙터보다 넓은 저장 공간을 필요로 한다. 둘째, 이들은 고정된 자
리에서 동력을 생산하는 일에 적응하기 어렵다. 셋째, 빠른 속도로 오랫동

안 작업하거나 무거운 짐을 지고 지속되는 작업을 할 수 없다, 넷째, 낮 기온이 올라가면 작업 능력은 떨어진다, 다섯째, 어두워지면 잘 볼 수가 없어 작업을 할 수 없다. 여섯째, 위급한 상황에서 쉽고 빠르게 작동하지 않는다, 일곱째, 일을 하건 하지 않건 먹이를 주어야 한다.

많은 가난한 농부들은 친숙한 소나 노새를 전통적인 경험이나 이해와는 거리가 먼 생소한 트랙터로 대체했는데, 강제적으로 또는 위험이 적어 수용하게 되었다. 이미 새마을운동 농업 부문 전문가들이 퍼뜨려 대중화된 빨리-부자-되기 이야기에서 경운기의 생산 증대와 잉여 그리고 부의 약속은 매력적이었고, 과거에 농가와 동물 동력 사이에 형성된 애정과 공생적 유대감에도 불구하고 쉽게 경운기로 돌아섰다. 제주 농부들은 태생적 실용주의자들이고 대다수의 새마을운동 전파자들에게 잘 속아 넘어갔다. 농업용 가축을 트랙터로 대체하는 두려움은 정부가 트랙터의 사용, 관리 및 유지 등의 모든 문제에 전문가 조언을 제공하겠다는 약속으로 완화되었다. 만일 대체 비용을 정부가 대부분 보조해 준다면 어디에 위험이 있겠는가?

경운기 수리점, 1980년경. 점포수가 적어 기다리는 줄이 길다.

동물 동력과 대체 기계 동력을 모두 소유하기에는 가난한 농부에게 비용 면에서 부담이 되기 때문에 동물보다 트랙터를 선택하게 되는데, 이는 심각한 후폭풍을 일으켰다. 당시 많은 농부들이 깨닫지 못했던 것은 대체를 하고 난 후 시간이 지나면 근대화를 위한 자신들의 초기 선택에 따른 영향을 돌이킬 수 없다는 것이었다. 더욱이 대다수의 기계 동력이 가진 단점은 동물 동력이 사라진 후에야 명백해진다는 것이다. 예를 들어, 시끄러운 기계의 연료와 윤활유(기름, 휘발유, 등유)는 현금으로 구입해야 하고 물물교환으로 구할 수 없다. 더군다나 토양을 비옥하게 만들기 위해 한때 공짜로 얻었던 비료처럼 연료는 정기적으로 또는 편리할 때 기계로부터 받을 수 없었다. 트랙터는 변을 공급하는 말 못하는 짐승이 아니었다. 오히려 무질서와 의존성을 만들도록 고안되었다. 인공 비료 또한 현금으로 구입해야 했다.

조그만 고장에도 기계 전체를 작동시킬 수 없는 상황이 자주 발생했는데, 이는 이 기계가 가진 보다 심각한 단점으로서 가난한 농부들에게는 고통스럽게 다가왔다. 고장 난 부품은 대체될 수 있었지만 역시 현금이 필요했고, 농부가 문제를 진단하고 수리하는 방법을 알고 있어야만 농부들의 엄격한 농사 일정이 위협받지 않았다. 또한 고장은 예고가 없어 농부들은 종종 판매상에게 교체 부품을 의존해야 했다.

외부인에 대한 의존에 점차 빠져들면서 소비의 증가는 현금이 부족한 제주 농부들을 침체의 소용돌이로 몰아넣었고, 농업 운영이 위험에 처해졌다는 것을 깨달았을 때는 이미 너무 늦었다. 경운기 소유는 기대와 달리 돈이 많이 들었다. 연료, 화학비료, 살충제, 그리고 수선 비용이 상승하며 농부들의 부채는 천문학적으로 늘어나고 생산 문제의 어려움도 더욱 증폭되었다. 그들에게 일어난 일은 최악의 경우 파산과 도피라는 비극의 역사로 이어

제주도 경작지 전경

진다.

많은 가난한 농가는 자급자족을 잃어버린다는 것이 얼마나 비참한 것인지 그 중요성을 너무 늦게 배웠다. 이와 비슷한 상황은 일찍이 적절한 자산을 가진 많은 유럽의 농부들이 트랙터 동력을 광범위하게 받아들인 후 발생했는데, "우리는 (유럽의) 현재 문화 경관을 조사하며, 조각난 고립된 농장들이 각자 자유를 얻었지만 자급자족을 잃어버린 시골을 보았다…"(Evans, 1956: 237). 제주도의 가난한 농부들은 경운기를 받아들인 지 20년 후 같은 경험을 하게 되었다. 이들은 경운기 덕분에 과거로부터 자유로워졌고, 미래를 빼앗긴 자신을 발견했다.

참고문헌

Chance, Norman, A., 1984, *China's Urban Villagers: Life in a Beijing Commune*, New York: Holt, Rinehart and Winston.

Cook, G. C., L. L. Scranton, and H. F. McColly, 1951, *Farm Mechanics*, Danville: Illinois: Interstate Publishers.

Evans, E. Estyn, 1956, "The Ecology of Peasant Life in Western Europe," In William L. Thomas, Jr. (ed.), *Man's Role in Changing the Face of the Earth*, 1, 217-239, Chicago: University of Chicago Press.

Hall, Robert B., 1958, "Hand-Tractors in Japanese Paddy Fields," *Economic Geography*, 34(4)(October), 312-320.

Rostow, Walt W., 1960, *The Stages of Economic Growth. A Non-Communist Manifesto*, New York: Cambridge University Press.

신비, 성실, 모험의
제주 전통 경관

제3부
모 험

제7장
서양인의 옛 제주 여행[1]

세계화의 날개를 달고 아시아에 도착한 요즈음의 여행자는 남녀 모두 근대적 교통 기술과 관광산업으로 일부 실망스러움을 느낄 수도 있다. 현대의 여행자들은 제주도를 포함한 당시 아시아의 가장 외진 구석을 방문하기 위해 자주 생명의 위험을 무릅쓰던 예전 '모험가' 또는 '탐험가'와 비교할 수 없다. 20세기 중반 이전에는 제주도를 안전하게 오가는 것만도 유럽인뿐 아니라 어느 누구에게든 엄청나게 어렵고 위험한 일이었다. 여기에 그들 모험가가 이야기한 증언들이 있다. 제주도에 왔던 초기 서양 여행자는 위험을 꺼리지 않는 남자(그리고 여자)였고, 외부인의 시각에서 볼 때 그들은 아주 강한 심장을 가진 매우 모험적인 탐험가 자질을 가지고 있었다. 그러나 제주도 사람에게 이 초기 여행자들은 대부분의 경우 무례한 호기심과 거만한 행

[1] 이 글은 1988, "Notes on Some Early Western Travelers on Cheju Island(서양인의 옛 제주도 여행에 대한 메모)," *Tamla Munhwa*, 7, 153-180을 수정하여 새롭게 작업한 것이다.

동을 보이는 환영받지 못하고 초대받지 않은 침입자였다.

　다음에 개략적으로 말하는 완성되지 않은 전기적 서술은 제주도를 보거나 방문하고 영어로 자신들의 경험을 기록한 초기 일부 서양 여행자들을 확인하고 이를 세상에 알리려는 목적이다. 이들은 모두 1653년부터 1930년대 중반 사이에 방문한 사람들이다. 이 목록은 분명 완성본은 아니지만 다수를 차지해 더 정교하고 완성된 책을 만드는 데 중요하다. 이 여행자들은 다음과 같다.

1) 헨드릭 하멜(Hendrick Hamel, 1653년)

2) 찰스 바로우(Charles A. Barlow) 선장과 켄들(Kendall) 대위(1840년)

3) 에드워드 벨처(Edward Belcher) 경(선장)과 아서 애덤스(Arthur Adams)(1845년)

4) 맥디 씨(Mr. McD)(1851년)

5) 샤를 샤이에롱(Charles Chaillé-Long)(1888년)

6) 피터스(A. A. Pieters, 1898년)

7) 윌리엄 프랭클린 샌즈(William Franklin Sands, 1901년[2])

8) 지그프리트 겐테(Siegfried Genthe) 박사(1901년)

9) 말콤 앤더슨(Malcom P. Anderson, 1905년[3])

---

2) 역주: 원저는 1900년으로 적고 있으나 그의 방문은 1901년의 이재수의 난 수습을 위한 목적이었다. 따라서 1901년으로 수정 표기한다.

3) 역주: 원저는 1913년으로 적고 있으나 1905년이 실제 방문 연도일 것이다. 앤더슨의 글은 1914년 *Overland Monthly*에 실렸는데 방문 연도 언급이 없어 필자가 1913년으로 추정했으나, 당시 통역으로 동행했던 이치카와 상키(市河三喜)는 1906년 「제주도기행」으로 1905년 8월 9일~9월 23일까지 42일간의 기록을 세 번에 나누어 『博物之友』에 발표했다. 따라서 1905년으로 수정 표기한다.

10) 발터 스퇴즈너(Walther Stötzner, 1930년)

11) 헤르만 라우텐자흐(Hermann Lautensach, 1933년)

12) 루라 매클레인 스미스(Lura Mclane Smith, 1936년)

이들 선별된 인물의 개요 보고서는 실제로 제주의 경관을 보고 걸으면서 사람들을 만난 유럽과 미국인 여행자가 쓴 흥미로운 역사 기록이다. 이 모든 방문자는 제주도를 '퀠파트(Quelpart)'로 (여러 철자법) 표기했는데, 이는 하멜의 기록을 따른 시기부터 일본의 식민기 중반기까지 서양의 지도에서 공통적으로 사용되었다. 이들 중 가장 초창기 여행자를 제외하고는 거의 모두가 사진을 찍었고, 앤더슨과 스퇴즈너만은 보고서에 사진을 함께 실었다(제주도의 인공위성 사진을 보여 주는 인터넷 웹링크).[4]

또한 선장들인 라페루즈(La Pérouse, 1787년 5월), 윌리엄 브로턴(William Robert Broughton, 1979년 10월), 바질 홀(Basil Hall, 1816년)도 제주도에 접근해 기록을 남겼지만, 이들은 제주도에 상륙하지 않았기 때문에 포함하지 않았다. 또한 유명한 작가 잭 런던(Jack London, 미국인)[5], 이반 곤차로프(Ivan A. Goncharov, 러시아인)도 제주에 가까운 인근에 있었지만(런던은 1904년, 곤차로프는 1854년), 이들 또한 제주도를 방문하지는 않았다. 만일 방문했더라면 제주도는 현재보다 서양에 더 잘 알려졌을 것이다.

---

4) 역주: 책자에 제시한 웹링크가 작동하지 않아, 구글 지도의 링크로 대신하였다(https://www. google.co.kr/maps/place/Hallasan/@33.3198592,126.4059389,81762m/data=!3m1!1e3!4m5!3 m4!1s0x350cff51e4901447:0x9e789970e40c6824!8m2!3d33.3616666!4d126.5291666?hl=en).

5) 이 장의 마지막에 잭 런던의 『하멜 표류기』 관련 글 일부가 문체, 기술 방법 등을 소개하기 위해 첨부되어 있다.

1. 헨드릭 하멜, 1653년 난파

- 방문 시기: 1653년 8월 8일부터 9개월 동안.

- 방문 목적: 난파된 네덜란드 선박 *스파르웨르(Sparwehr)* 또는 *스페르웨르(Sperwer*, 의미는 '참새 매')*의 승선원이다. 그는 제주도를 '퀠파트'로 확인한다.

- 직업: 선박의 사무장

- 국적: 네덜란드

- 의견: 선박 난파 후 해안가에 도달한 하멜은 9개월간의 억류 생활에 기초해 제주도를 직접 기술한 내용을 남긴 첫 서양인이다. 하멜은, 그의 기록에 따르면 대정읍의 남동부에 있는 하부 행정 도읍으로부터 4리그(약 19.3km) 떨어진 해안에 밀려 왔다. 그는 아마 대정에서 직선으로 약 19km 떨어진 중문 해안이나 한라산 남서부 해안 어디에선가 난파되었을 것으로 추정된다. 그러나 위 그림의 조각상이 아닌 최근에 세워진 하

조각상에 자신의 운명을 지배한 사람으로 묘사되어 있는 헨드릭 하멜은 1653년 계획에 없는 제주도 '방문' 그 이상 아무것도 아니었다. 그의 조각상 관련, 하멜(1630~1692)을 기념해 똑같은 조각상 두 개를 주조한 뒤, 하나는 그의 고향 네덜란드 그린쳄에, 다른 하나는 주거지로 지정되었던 육지부 강진에 세웠다. 제주도에는 하멜상이 없다. 대신 제주 남쪽 해안의 경치 좋은 지점에 위치한 역사적인 '스페르웨르' 난파선에 기념비가 있다. 이 정성을 들인 기념비는 '실제' 난파되었던 지점이 아니라고 항상 논란이 된다.

멜 기념비는 모슬포 시내 근처에 있다. 최근의 추정은 스페르웨르호는 소귀도[6] 근처 해안을 따라 난파되었다고 본다(다음 지도의 별 표시). 에드워드 벨처 선장은 자신의 조사 지도에 이곳을 '에덴의 섬'으로 기록했다. 제주도 주민들은 이 섬을 육지부로 향하는 공물 선단을 위한 수송 기지로 오랫동안 사용한 것이 분명하다.

다른 네덜란드인인 벨테브레이(Jan Janse Weltevree, 한국 이름은 박연)는 하멜보다 먼저 제주도에 왔었을지도 모른다. 벨테브레이는 1628년 한국인에 의해 체포되었고, 결국 일상생활에 동화되어 한국 정부가 고용했다. 한국 정부는 난파한 스페르웨르호 생존자(전체 35명)를 육지부로 데려 가기 전에 벨테브레이를 보내 면담을 했다. 벨테브레이는 자신이 이전에 한라산을 방문했었는지에 대한 기록을 남기지 않았다. 어쨌든 하멜은 제주도에 남쪽 해안으로 도착했는데, 이곳은 서양 여행자들이 들어오는 새로운 '입도항'이었다. 하멜은 1890년대 후반에 도착한 몇몇 천주교 신

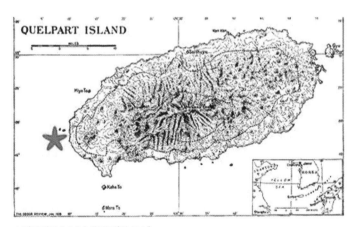

스페르웨르호 난파 추정지(별 표시)

6) 역주: 차귀도를 유사하지만 다르게 발음한 것을 영어로 표기한 듯하다.

부보다 앞선 다른 어떤 서양인보다 제주도에 오랫동안 체류했다.

- 보고서 출처: 개리 레드야드, 1971, 『한국에 온 네덜란드인』, 왕립아시아 협회와 태원출판사, 서울, 한국(Gari Ledyard, 1971, *The Dutch Come to Korea*, Seoul, Korea: Royal Asiatic Society and Taewon Publishing Company).

레드야드의 도발적인 하멜 이야기 관련 최신 내용과 논쟁적인 지도 및 삽화를 제공하는 웹사이트(http://www.henny-savenije.pe.kr/index.htm)를 참조하라.

- 보고서 평가: 레드야드의 하멜 자료 번역과 네덜란드의 자료에 기초한 추가적인 의견은 완벽하다. 유감스럽게도 하멜은 자신의 오랜 감옥 생활에도 불구하고 제주도에 대한 언급은 없다.

2. 찰스 바로우 선장과 켄들 대위, 1840년

- 방문 시기: 1840년 10월 29일부터 11월 1일까지.
- 방문 목적: 1838~1842년의 영국-중국 전투 또는 '아편전쟁'에 참여하는 영국군 식량으로 소를 조달하기 위해서였다.
- 국적: 영국
- 사건 분석: 사령관 빙엄(J. Elliot Bingham)이 쓴 책 『중국 여행 이야기 (Narrative of the Expedition to China)』에 따르면, 바로우 선장의 배 님로드(Nimrod)와 운송선 호플리(Houghly)는 '켈파트'를 향해 중국 본토를 출항해 '동물 무리로 뒤덮인' '소 섬'[7] 가까운 앞바다에 정박했다. 빙엄

---

7) 역주: 당시 진상용 흑우를 키웠던 가파도 섬

의 책에 켄들은 10월 30일 승선원들의 소를 잡는 '재미있는' 방법에 대해 일부 상세하게 적고 있다. 그동안 제주도 주민들은 텐트를 치고, '손짓을 하며', '뿔을 불고', '징을 치며' 바닷가에 모여들기 시작했다. 10월 31일 아침에 발로 선장은 앞바다의 소형 선박에서 제주도의 관리를 만났다. 그 관리는 발로의 배로 왔지만 님로드로 옮겨 타지는 않았다. 그는 중국 문자를 사용해 발로와 짧게 의사를 교환한 후 본섬으로 돌아갔다. 곧이어 바닷가에 모인 군중은 더 호전적이 되었고 자신들의 무기를 번쩍 들어올렸다. 발로와 선원들은 겁을 먹었고 님로드로 돌아갔다. 이날과 다음날 유럽인들은 섬에서 소를 잡아 배로 옮겼다. 그동안 뭍에서는 섬 주민들이 소 섬에서 가축을 모으는 작업을 방해하기 위해 몇 척의 배를 띄웠다. 님로드에서 쏘는 몇 번의 대포는 매번 섬 주민들을 겁주어 해안으로 돌아가게 했다. 영국군은 섬 주민의 허락 없이 잡아간 소에 대해 값을 치르려 했지만, 섬 주민들은 소가 본토의 왕에 귀속된 것이어서 돈을 받을 수 없다고 했다. 소 습격자들은 제주도 본섬의 영토는 침범하지 않고 '소' 섬으로만 한정했다. '소' 섬은 어디 있는가? 앞의 지도에 별로 표시된 위치를 보라. (아래에 소개된) 벨처 탐험과 조사는 이 작은 섬을 '에덴의 섬'이라고 불렀다.

3. 에드워드 벨처 경(선장)과 아서 애덤스(보조 의사), 1845년

• 방문 시기: 1845년 6월 23일부터 7월 14일까지. 영국 해군함 사마랑(Samarang)

• 방문 목적: 항해에 도움이 되는 섬에 대한 상세한 조사를 위해서였다. 섬의 '자연 역사'를 기록했다. 벨처는 이 섬을 '켈파트'라 불렀다.

- 국적: 영국

- 사건 분석: 벨처는 우도['보퍼트섬(Beaufort Island)']에 상륙해 지역 행정관과 대화를 나누었다. 벨처는 제주시에 도착해 제주 목사를 만났다. 벨처는 호전적인 군중으로 인해 성 입구에서 급히 퇴각했다. 사마랑호는 서귀포 앞에 닻을 내렸다. 벨처는 지역 행정관을 만나 "멜론, 오이, 오렌지, 왕귤나무, 중국자두, 호박, 겨자, 냉이와 상추 등 여러 종자"를 주었다. 벨처는 '보퍼트섬'으로 계속 진행해 1845년 7월 14일 섬 조사를 완성했다.

- 의견: 조사의 대부분은 근해 또는 해안을 따라 이루어졌다. 제주도 주민들은 접근하는 조사단에게 경고를 하려고 바닷가에서 신호용 불을 사용했다. 조사단의 한 사람은 섬 주민들의 공격을 받아 심한 화상을 입었고 거의 절벽에서 떨어질 뻔했다. 조사단은 마을에 들어가거나 섬 주민과 어울리지 않았다. 조사원은 '해녀'에 대한 아무런 언급도 없다. 벨처는 섬 주민을 "무뢰하고 다루기 힘들다"고 기록했다. 벨처는 제주도의 옛 이름인 '탐라'라는 단어가 말레이어 단어 '랜드(land)'와 관련 있다고 생각했다. 그는 또한 제주의 뗏목에 대해 태평양섬에서 발견되는 뗏목과 유사하다고 언급했다. 벨처는 제주도의 돌하르방을 "거칠게 조각한 상… 경계석"이라고 불렀다. 벨처는 제주의 성벽을 '유럽의 디자인'이라고 추측했다. 한라산['오클랜드산(Mt. Aukland')]은 배에서 해발 약 1,995m라고 측정했다. 벨처는 나무가 필요할 때 서귀포에 있는 삼림 지역으로 선원 일행을 데리고 갔다. 그는 큰 나무를 잘라 쓰러뜨리기 시작했다. 한 노인이 그를 제지했다. 나무들, 분명 '신령 나무'들은 노인의 개인 재산으로 생각되었다. 벨처는 노인을 진정시키기 위해 그에게 '달콤한 포도주'를 주었다. 애덤스는 섬의 식물과 동물에 대한 상세한 목록을 만들었다. 벨처는 제주

도('퀠파트')를 다음과 같이 기술한다.

"퀠파트는 수많은 원뿔형 산들로 덮여 있는데, 이들 다수는 활동을 마친 화산 분화구를 정상부에 가지고 있고, 모두 섬의 중심에 발을 딛고 머리는 구름 속으로 사라진 높이 솟은 거인 같은 타원형의 바위산을 향해 머리를 숙이고 있는 듯하다. 언덕과 산사면 사이의 평야와 계곡을 포함한 전체 지면은 가지런히 돌을 쌓아 만든 담으로 나누어져 있고, 경작은 정성스럽고 풍족하게 그리고 기분 좋은 푸른색 식물로 덮여 너무 아름답게 이루어지고 있다."

- 보고서 출처: Sir Edward (Captain) Belcher, 1848, *Narrative of the Voyage of H. M. S. Samarang, During the Years 1843–46: Employed Surveying the Islands of the Eastern Archipelago*, London: Reeve, Benham, and Reeve (2권).

- 보고서 평가: 조사단이 방문 기간 동안 해안에 접근하는 데 제약을 받았던 것을 고려한다면 양호하다. 하멜 이후 제주도의 상황에 대해 최초로 상세히 기록한 보고서이다. 제주도에 대한 최초의 체계적인 영어 보고서이기도 하다.

4. 맥디 씨(Mr. McD), 1851년

제주를 방문한 이 신비로운 사람에 대해서는 알려진 바가 거의 없다. 이 '영국 신사는 상하이에 거주'했는데, 그가 직접 쓴 상세하면서도 간략한 보고서는 흥미롭다. 이 보고서는 오래된 홍콩 잡지인 『중국정보지지(China Repository)』 1851년호에 제목 '사건 일지: 프랑스 포경업자 나르왈의 사망'(20권 7호, 7월: 500–506)으로 출간된 사실을 발견했다. 이 글은 이전에

『노스차이나헤럴드(North China Herald)』지에 실렸었다.

나르왈의 난파와 그 승무원에 대한 대우는 스페르웨르호 사건과 많이 유사하다. 맥디 씨는 우연히 난파된 지역에 남아 있는 승무원을 구하기 위해 프랑스인으로 조직된 구조팀의 일원이 된다. 이때는 나르왈 생존자들이 성공적으로 소형 배에서 탈출해 중국에 도달한 직후였고, 나르왈 참사 지역으로 돌아가는 구조팀을 안내하기로 했다. 구조 항해는 처음 에덴의 섬 또는 그 주변 제주도 서부 근해에서 정박했다. 항해 승무원은 그곳 해안 내륙에 잠깐 상륙한 후 남쪽으로 이동해 제주도 남쪽 해안을 잠시 탐색했다. 유럽인들은 한반도의 큰 섬인 '암허스트섬(진도)'에 마지막으로 갇혀 있는 나르왈 생존자를 찾기 위해 제주도로부터 북쪽으로 항해했다. 맥디 씨가 유일하게 구조 항해에서 공개적으로 제주도 이야기를 제공한 듯하다. 현재의 화순과 서귀포시 사이 어딘가를 산책하며 해안 사람들의 문화 경관을 기록한 그의 보고서에서 대표 구절은 다음과 같다.

"저녁 무렵 외국인들은 해변을 산책했고, 원주민 무리가 이들을 따라갔다. … 가까이 있는 들판은 많은 곳에서 돌담으로 구분되고, 그 구역 안에는 소를 방목하고 있었다. … 밀과 보리가 높은 곳에 위치한 밭에서 경작되고, 농부들은 쌀을 얻기 위해 낮은 지대의 땅을 일구고 있었다 …."

5. 샤를 샤이에롱, 1888년

• 방문 시기: 1888년 9월 28일부터 10월 3일까지. 제주도를 '퀠파트'라 불렀다.

- 방문 목적: '신비로운 코리아 사람의 기원'을 조사하기 위해, 그리고 탐험의 모험을 즐기기 위한 것이었다.
- 직업: 1887~1889년 사이 샤이에롱은 미국 대통령 클리블랜드에 의해 주한 미국 공사 및 총영사로 임명되었다. 이 기간 동안 그는 황해 입구에서 퀠파트섬으로의 과학 탐방에 참여하였고, 그의 한라산 탐험은 자신이 여러 대륙에서 시도한 모험 경력에는 한 작은 사건이지만, 제주도로 여행한 초기 서양인들의 역사에는 큰 사건이었다.
- 국적: 미국
- 사건 분석: 샤이에롱은 조선 왕으로부터 '퀠파트'섬 방문 허락을 받는다. 통역사와 요리사를 대동하고 서울에서 인천('제물포'), 그리고 부산으로 항해한다. 부산에서 샤이에롱은 자신을 제주로 데려갈 선주를 찾을 수 없었다. 그는 갑판이 없는 작은 배를 빌려 소안도('해밀턴섬')로 출항한 후, 제주해협을 건너는 배를 안내할 제주도 사람을 찾는다. 그는 부산에서 몇 명의 일본인과 동행했다. 제주에 도착해 호전적인 사람들을 만난다. 드디

(이집트 복장의) 샤이에롱

그의 경력 마지막 때쯤…

어 제주 목사를 만난다. 그는 한라산 등반을 시도하거나 오르지 않겠다고 약속한다. 많은 사진을 찍으며 제주시를 둘러본다. 10월 3일 아침 제주를 떠난다.

- 의견: 샤이에롱은 제주시 항구인 '펠토(Pelto, 별도포-역주)'에 상륙한 후 제주시까지 험한 길을 말을 타고 간다. 샤이에롱은 별도포가 제주시로부터 단지 '5마일(약 8km)' 떨어져 있다고 했는데, 이 여정은 2시간이 소요되었다. 그에게 길들여지지 않은 말이 주어졌지만, 그는 숙달된 기수여서 떨어지지 않았다. 섬 주민들은 샤이에롱이 제주성에 다다르는 것을 보고, "이 무슨 재앙인가! 이 무슨 재앙인가!"라고 말했다. 분명 외국인들은 불행의 전조이다. 샤이에롱은 제주 목사의 군인들이 13세기 몽골 침략 때 남겨진 제복을 입고 있다고 기록했다.

그는 제주 성벽을 다음과 같이 기록했다. 높이는 25피트(약 7.6m)이다. 3개의 성문이 동쪽, 서쪽, 남쪽에 있다. 그는 제주시의 인구를 25,000명으로 추정했다. 제주 목사는 샤이에롱에게 한라산을 등반하려면 100일간의 희생이 선행되어야 한다고 말한다. 또한 적절한 의식을 갖추지 않고 산을 오르려는 사람에게는 한라산의 신령이 화를 낼 것이라고도 말한다. 이때 샤이에롱은 목사에게 산에 오르지 않을 것이라고 약속한다. 샤이에롱은 제주를 쭉 둘러보고 많은 사진을 찍는다. 그는 '돌하르방'에 흥미를 보이고, "불교는 확실히 퀠파트에 기반을 닦았다. 우리가 들어온(샤이에롱은 남문을 통해 제주시로 들어왔다) 길을 따라 단단한 검은 암석을 깎고 오랜 시간 손으로 닳도록 닦아 만든 4개의 큰 불상이 있다."라고 언급한다. 샤이에롱은 목사에게 이별의 선물을 준다. 보답으로 목사는 그에게 감귤과 전복, 라임을 준다. 그는 제주성을 동문으로 나가 좋은 길을 따라 별도포로 돌아간다. 샤이에롱이 도착했을 때 목사는 분명 그가 밀정일 수도 있어 시내로 돌아가는 길을 통해 데려오기로 결정했다.

• 보고서 출처: Colonel C. Chaille-Long, 1890, "From Corea to Quelpart Island: In the Footprints of Kublai Khan," *Bulletin (Journal) of the American Geographical Society*, 22, 2, 218-266.

• 보고서 평가: 불행히도 보고서는 상당히 길게 작성되었음에도 불구하고 '퀠파트'의 상황보다 '퀠파트'로 가는 여정 기술에 많은 시간을 허용한다. 샤이에롱은 사진을 많이 찍었다고 하는데 보고서에는 포함시키지 않았다. 그의 여정은 제주시와 '별도포'항으로만 한정된다. 샤이에롱은 자신과 자신의 위치를 지나치게 높이 여겨 역사적인 제주에 대해 과학적이고 공정한 기여를 하지 못했다. 이 보고서의 가치는 하멜의 방문 이후 제주의 상황에 대해 최초로 길게 설명하고 있다는 점이다. 그의 방문 직후 제주 사람들의 생활방식이 급격히 변했기 때문에, 제주 사람들에 대한 그의 기술은 특히 가치가 있다.

6. 피터스, 1898년

• 방문 시기: 1898년 2월. 제주도를 '퀠파트'라 불렀다.

• 방문 목적: 관광. 아마 미래의 선교 활동을 위한 예비 답사였고, 그는 북쪽과 남쪽 해안을 모두 방문했으며, 한라산의 매우 높은 경사면을 탐험했다.

• 직업: 목사가 분명하다.

• 국적: 미국? 아마 캐나다 또는 영국? 그의 여행 출발지는 서울이다.

• 사건 분석: 없다. 그는 자신의 여행을 시기 순서로 기록하지 않았다.

- 의견: 피터스는 제주시의 가구수를 1,200가구로 추정한다. 그는 일본이 섬의 진주조개를 수확하러 침입한 것에 불만을 토로한다. 그는 "길에서 한 남자가 3명의 여자를 만난다."라고 말한다. 그는 개가죽과 감물 들인 옷을 입고 있는 사람들을 보았다. 그는 제주시에 단지 8개의 소규모 가게만 있는 것을 보았다. 제주에는 육지부와 달리 정기시장(5일장)이 없다고 말한다. … 그는 제주의 수출품으로 진주조개, 미역, 천연 약재, 동백 씨앗에서 추출한 화장용 기름, 말과 소 가죽, 그리고 말과 소를 기록한다. 말의 평균 가격은 16달러이고, 소는 25달러라고 언급한다. 또한 '돌하르방'에 관심을 기울여, "현무암을 잘라 6개 또는 8개의 커다란 석상을 만들어 각 성문 밖에 설치했다…"라고 언급한다. 그는 "섬 전체에 불교 절이나 스님이 한 곳도 없다."고 주장한다. 그는 폭포를 방문하고, 오백장군(500전사 바위)을 보았다. 그는 삼성혈의 위치를 알지 못했다. 그는 섬에 온 정치적 유배자가 12명이라 했다. 피터스에 따르면 마지막 유배는 1895년에 있었다. 그의 출항은 날씨가 나빠 6일 늦어졌다. 그 후 배를 타고 목포로 갔다.
- 보고서 출처: A. A. Pieters, 1905, "A Visit to Quelpart," *Korea Review: a monthly magazine*, 5(May–June), 172–179, 215–219.
- 보고서 평가: 양호하다. 피터스는 섬 전체를 둘러보는 여행을 한다. 그의 경관과 관습에 대한 기술은 상세하다. 불행하게도 그의 보고서는 너무 간략하다.

7. 윌리엄 프랭클린 샌즈, 1901년

- 방문 시기: 1901년 '퀠파트'에서 몇 주를 보냈다.
- 방문 목적: 제주에서 발생한 세금에 반대하는 반란을 진압하기 위해서

였다.

- 직업: 서울에 주재하는 미국 외교관

- 국적: 미국

- 사건 분석: 샌즈는 제주에서 발생한 반란과 기독교인 학살에 대해 알게 된다. 샌즈는 100명의 한국군과 몇 명의 일본 관리, 그리고 개인 통역사와 함께 큰 증기선을 타고 제주로 항해한다. 학살이 일어난 지 10일 후 제주시에 도착한다. 그때까지 10,000명의 반란자가 제주시를 포위하고 있었다. 죽은 기독교인들이 제주 길거리에 버려져 있었다. 누구도 이들을 매장하려 하지 않았다. 샌즈가 성벽을 둘러볼 때 일본 저격수들이 그를 향해 사격했다. 샌즈는 반란자를 속여 항복하게 했다. 그는 죄수와 함께 육지부로 돌아온다.

- 의견: 기독교인이 아니면 세금을 내야 하는데, 기독교인들은 '면세'를 받았기 때문에 성난 주민들이 기독교인들을 학살했다. 제주에 거주하던 프랑스 신부 두 명은 학살로부터 안전하게 피신했다. (한 명은 박물학자였다. 그는 한라산 정상을 등반했을까? 이에 대해 역사 기록은 아직 분명하지 않다.)

학살은 서울에서 있었던 왕비 살해에도 연루된 유배자에 의해 지휘되고 있었다. 우도의 일본 사람들은 반란을 지원했다. 반란자의 일부는 육지부에서 왔다. 반란자들은 제주성의 무기고에 저장되어 있던 오래된 무기를 사용했다. 샌즈는 섬을 "탐험할 시간이 없다"고 아쉬워했다. 그는 퀠파트를 여성이 모든 재산을 가지고, 어린이들이 엄마의 성을 따르며, 13세 이상의 남자는 소수만이 섬에 살도록 허가된 "진정한 아마존 공동체"라고 불렀다. 제주 목사는 부인을 섬으로 데려올 수 없도록 되어 있었는데, "자

식이 통치 지역에서 태어나 섬 왕국의 왕좌를 주장하지 못하도록" 하기
위해서였다고 기록했다.

• 보고서 출처: William Franklin Sands, 1930, "The Amazons," in
Undiplomatic Memories: The Far East 1896-1904, New York:
Whittlesey House, 163-180.

• 보고서 평가: 빈약에서 적정 사이이다. 샌즈는 제주의 경관이나 사람들을
기술할 시간이나 성향이 없었다. 그의 지역 역사에 대한 언급은 믿을 수
없다. 반면 그는 훌륭한 이야기꾼이고, 반란에 대한 설명은 섬의 정치적
상황에 대한 통찰력을 제공하고 있어 흥미롭다.

8. 지그프리트 겐테 박사, 1901년

• 방문 시기: 1901년 몇 주 동안.

• 방문 목적: 등산의 모험, 그리고 신문기사를 쓰기 위한 소재 발굴을 위해
서였다.

• 직업: 박사 학위를 받았고, 독일 신문사 기자로 고용되었다.

• 국적: 독일

이 보고서는 지금까지 제주도를 여행한 초창기 서양인에 의해 출간된 자
료 중 가장 광범위하고 매력적이다. 그의 보고서는 분량도 많고 특별히
높은 질적 수준을 보여 이 장에서 다루지 않고, 별도로 이어지는 제8장에
서 다루기로 한다. 제8장은 이 책에 담긴 제주도에 관한 필자의 글들을 적
절히 절정으로 이끌어 준다.

9. 말콤 앤더슨, 1905년

• 방문 시기: 1905년경 40일간 체류.

• 방문 목적: 자신이 '퀠파트'라 부른 제주도의 야생동물을 조사하기 위해서였다.

• 국적: 미국

여기서는 앤더슨의 이야기를 연구한 하버포드 대학교 사서인 마이클 프리먼(Michael Freeman)에 대해 설명할 필요가 있다. 프리먼은 말콤의 아버지가 스탠퍼드 대학교 교수였고, 앤더슨 본인은 『미국과학자(American Men of Science)』 저널의 초판에 "동물학자이며 동물 탐험가"로 소개되어 있다는 것을 발견했다. 프리먼은 또한 앤더슨이 "1879년에 인디애나 어빙턴에서 태어나 1919년에 사망했다. 그는 1904년 스탠퍼드 대학교를 졸업하고 북아메리카와 아시아로 수집 여행을 다녀왔다. 1904년부터 1908년 사이 그는 런던동물학회(London Zoological Society)에서 진행한 동아시아 동물 연구에 참여했고, 동아시아 포유동물에 대한 전문가로 알려져 있다."라고 적고 있다. 프리먼은 앤더슨의 일기 일부를 구해 연구를 진행하다 스탠퍼드 대학교 도서관 가족 기록물 보관소에서 그의 한국 모험을 포함한 더 많은 일기를 발견했다. 필자는 이들 일기를 보지는 못했다. 또한 스탠퍼드 대학교 캔토 시각예술센터(Cantor Center for Visual Arts at Stanford) 저장실에는 앤더슨이 기증한 통일신라 이전의 한국 도자기 접시가 있다. 그의 아버지가 1919년 앤더슨의 사망 기사를 썼다. (앤더슨의 급작스런 사망, 그리고 죽기 직전에 한라산을 등반하는 무례를 범했던 겐테의 사망은 '한라산의 저주!'를 추측해 보는 미신적인 생각을 해 보게도 한다.)

- 사건 분석: 앤더슨은 목포에서 석탄 증기선을 타고 도착했는데, 일본인 통역사와 하인을 대동했다. 제주시의 일본인 여관에서 하룻밤 묵고 일본인 경찰과 한라산 등반을 조율했다. 제주시 남문을 통해 떠났는데 그의 짐을 진 짐꾼을 대동했다. 목초지 위의 언덕에서 야영했는데 짐꾼은 돌아갔다. 비와 강한 바람이 시작되어 감자를 재배하는 농부의 집 근처로 야영지를 옮겼다. 안개가 엄청나게 끼었다. 앤더슨은 아프기 시작했다. 야영지를 다시 해발 3,000피트(약 915m) 지역으로 이동시켰다. 일본인 통역사가 곤충을 수집했다. 앤더슨은 새와 포유류를 수집했다. 루트레올라 퀠파티스(Lutreola quelpartis)라 불리는 제주족제비를 발견했다.

  한라산을 등반하다 정상부에서 안개, 바람, 비를 만나 중간에 되돌아오고, 다음날 다시 시도해 정상에 도착한 후 고도를 해발 6,588피트(약 2,008m)로 측정했다. 제주에서의 40일 중 30일은 폭풍우와 안개 낀 날씨였다. 앤더슨은 증기선을 타고 목포로 돌아갔다.

- 의견: 앤더슨은 목포에서 증기선 표를 사고 다른 많은 승객, 상인들과 함께 도착했다. 앤더슨은 제주해협을 '워싱턴해협'이라고 불렀다. 제주시 근처의 소형 선박에 대해 언급했는데, 뗏목에 대한 언급은 없다. 앤더슨은 제주 방언에 어려움을 느꼈다.

  여자가 아닌 남자가 자신의 짐을 뭍으로 옮겼다. 제주시 근처의 성벽을 언급했다. 제주성 서문의 사진을 찍었다. 농작물, 가축, 농부의 모습을 언급했다.

  앤더슨은 농부에게 묻는다.

  앤더슨 – "비는 자주 오는가?"

앤더슨이 찍은
제주성 서문 사진

농부 – "아니다."

앤더슨 – "얼마나 지속될 것 같은가?"

농부 – "네가 섬을 떠날 때까지."

(이런 식으로 나쁜 기후를 외국 방문자의 탓으로 돌린다.)

- 보고서 출처: Malcom P. Anderson, 1914, 'Forty Days in Quelpart Island," *Overland Monthly* (San Francisco), New Series, 63(4), 392– 401. 이 글은 앤더슨의 귀한 사진 몇 장을 포함하는데, 모두 엄청난 역사적·민족지적 가치를 가진다. 예를 들어, 제주성 서문 사진을 보라.

- 보고서 평가: 적정에서 양호 사이이다. 앤더슨은 세부적인 것을 포착하는 안목을 가졌다. 불행하게도 그는 너무 많은 시간을 병에 걸려 앓았고, 체류하는 동안 날씨도 혹독했다.

10. 발터 스퇴즈너, 1930년

- 방문 시기: 1930년경 몇 달. 제주를 '퀠파트'라 불렀다.
- 방문 목적: 관광객. 아마도 군사 정찰.
- 직업: 군인 장교
- 국적: 독일
- 의견: 스퇴즈너의 방문 동안 일본의 경비는 삼엄했다. 그는 항상 일본 형사의 보호를 받았다. 섬의 내부를 답사하는 동안 그는 3명의 형사와 2명의 제복 경찰을 동행했다. 사진을 많이 찍었는데, 섬의 내부 지역을 찍을 수는 없었다. 그의 모든 사진은 바다를 향하고 있다. 그는 섬 주민들의 뗏목, 정기시장(5일장), 그리고 섬 주민들이 먹은 상어에 대해 언급한다.
  스퇴즈너는 제주시의 '돌하르방'에 매혹되어 많은 사진을 찍었다. 제주의 석상을 이스터섬의 거상과 비교하며, "원래 세이슈(Seishu, 제주의 유사 발음)로 이어지는 4개의 도로를 서서 지키는 …"으로 언급한다. 그는 또한 "유사한 석상이 높은 바다 절벽에 있는 한국 관리들의 수백 년 된 무덤을 지킨다."라고 말했다.
- 보고서 출처: Walter Stötzner, 1933, "Have You Been to Quelpart?" *Asia*, 33(7: July), 412-417.
  Walter Stötzner, 1935, "Steingotter wachen uber Quelpart," *Die Umschau* 39, 78-779.
  Walter Stötzner, 미상, "A New 'Easter Island' Off Korea?" *The Illustrated London News*, 1103.
- 보고서 평가: 적절하다. 많은 흥미로운 사진, 특히 '돌하르방'. 본문은 너무 간략하다.

11. 헤르만 라우텐자흐(Hermann Lautensach), 1933년

- 방문 시기: 1933년, 제주를 '퀠파트'라 불렀다.
- 방문 목적: 한국에 대한 지역 연구 준비를 위한 지리적 연구차 왔다.
- 직업: 지리학 교수
- 국적: 독일
- 의견: 라우텐자흐는 1933년 가을 한국 현지 조사 작업의 마지막 지역인 제주에서 몇 주를 보낸다. 그는 자동차를 타고 그리고 걸어서 제주도를 일주하고, 한라산도 등반한다.
- 보고서 출처: Lautensach, Hermann, 1935, "Quelpart und Dagelet: vergleichende landeskunde zweier koreanischer Inseln," *Wissenschaft liche Veoffentlichungen des Museums for Landerkunde zu Liepzig*, 3, 177-206.

  Lautensach, Hermann,1945, *Korea*, Leipzig: K. F. Koehler Verlag.
- 보고서 평가: 훌륭하고, 독자 친화적이며, 당시로서는 퀠파트에 대한 철저하게 과학적이고 지리적인 기록이다.

12. 루라 매클레인 스미스와 아들 맥(Mac), 1936년

- 방문 시기: 1936년경, 3일간 체류.
- 방문 목적: 관광객, 식물학자. 제주도를 '퀠파트'라 불렀다.
- 직업: 장로교회 선교단원의 부인이었고. 루라와 남편은 1911년 미국 장로교회에서 한국 선교단원으로 임명되었다. 루라는 오랜 선교 기간 동안 한반도의 여러 지역에서 선교활동을 수행했다. 그녀는 병원과 약국 일을 담당했으며, 서울에 있는 조선기독대학과 평양 간호훈련학교의 선생이

었다. 그녀와 남편은 평생 선교 활동을 하다 1950년 은퇴했다.

- 국적, 체류지: 미국, 한라산을 방문한 당시는 서울

- 사건 분석: 목포에서 증기선을 타고 성산포에 도착했다. 제주시 빵집에서
  숙박했다. 아들과 제주 지역 안내자, 그리고 안내자의 아들과 함께 한라
  산을 등반했다. 한라산에서 숙박했고, 비를 맞으며 다음날 하산하여, 빵
  집에서 숙박했다. 증기선을 타고 목포로 돌아갔다.

- 의견: 제주행 증기선 표는 목포에서 쉽게 살 수 있다. 제주행 증기선은 섬
  의 여러 항구에 정박했다. 루라의 한라산 등반을 아무도 저지하지 않았
  다. 일본 경찰의 감시는 느슨했다. 그녀는 한라산 정상에서 숙박을 했다
  고 보고한 첫 유럽계 외국인이다. 그녀는 아마도 한라산을 오른 첫 유럽
  계 여인일 것이다.

- 보고서 출처: Lura McLane Smith, 1937, "Quelpart, Korea," *The Korean
  Mission Field*, 33(4: April), 76-80.

- 보고서 평가: 빈약하다. 체계가 없다. 식물
  과 선교 활동의 역사에 대한 기록은 일부 상
  세하다.

- 추가 사진들:
  다음의 사진과 설명은 홀(Hall, R. Burnett),
  1926, "Quelpart Island and Its People,"
  Geographical Review, 16(1)(January), 60-
  72에 담겨 있다. 이 논문은 전반적으로 상세
  하고 훌륭하다. 그러나 홀은 제주도를 방문
  했다고 알려져 있지 않고, 사진들의 출처를

산속의 두 노인. 개가죽 모자는
특이하게 제주도에서만 보편적으
로 사용되었다. 스코리아(scoria)
특성의 암석을 주목하라.

바다에서 본 한라산
(오클랜드산)

수도인 사이슈(역주: 당시
제주의 일본식 발음). 돌벽
과 초가지붕, 한국 기와를
사용한 몇몇 집

중산간의 전형적 장면.
다 자란 동물들

제시하지 않는다. 그는 한라산을 '오클랜드산(Mt. Auckland)'이라는 용어로 언급하는데, 이는 1845년 사마랑호(벨처와 애덤스)의 조사와 답사에서 남겨진 지도에 그려져 있는 가공의 지명이다.

맺음말

앞에서 개관한 대다수 서양 여행자들의 제주도와 주민에 대한 설명은 아시아를 오랫동안 탐험했던 서양인들의 '오리엔탈리즘' 문헌에서 보편적으로 발견되는 부당한 편견을 포함하고 있다. 초기 서양 여행자들은 제주도에서 개인적으로 만난 사람들에 대한 설명을 평범하게 기록하기보다는 일부러 색다르고 역겨운 경험으로 기록했다. 제주도 사람들이 이들 초기 서양 모험가와 소 도둑들을 잠깐이지만 자주 접촉한 후 어떤 결론을 내렸을지는 상상해 볼 수밖에 없다. 이러한 만남에 대해 기록한 책은 거의 없는데, 이는 겐테가 신성한 정상부를 상징적으로 정복하기 이전에 있었던 서양 여행자들과 접촉은 제주 사람들의 일상의 삶에서 아마도 중요하지 않은 사건이었다는 의미일 수 있다.

 * 잭 런던(1876~1916)은 실제 본인이 아니더라도 '대리인을 통해' 제주도 바닷가에 도착했을 것이다. 그의 『재킷(The Jacket)』, 더 대중적으로는 『스타로버(The Star Rover)』(New York: Macmillan, 1915)로 알려진 소설의 15장은 하멜의 스페르웨르호 난파를 설명하는 내용을 많이 가져다 쓰고 있다. 일부 내용을 예로 들어 본다.

"그러나 서둘러야 할 것은, 내 이야기는 산호섬의 난파선인 애덤 스트

랭(Adam Strang)에 관한 것이 아니라, 후에 한때 민씨 왕자의 집에 있는 부인 옴의 애인이자 남편이며, 조선(아하, 내가 너를 조선에서 보았다. 조용한 아침의 땅을 의미한다. 현대의 말로는 한국이라 불린다)의 모든 해안과 마을의 길에서 오랫동안 거지와 부랑자였던 권력가인 윤산의 총애를 받던 강력한 이용익이라는 이름을 가진 애덤 스트랭에 관한 것이기 때문이다." … "기억하라, 내가 첫 백인으로 라국(Raa Kook)의 산호섬에서 산 것은 3~4세기 전이다. 당시 그 바다에는 배의 용골이 드물었다. 스페르웨르호가 없었더라면 나는 서리가 내리지 않는 태양 아래 그곳에서 평화롭고 풍족하게 살았을지도 모른다. 스페르웨르호는 인도를 넘어 인도를 향한 항해도에도 없는 바다에 과감히 도전하는 네덜란드 상인이다. 그 배가 나를 발견하고, 나는 그 배가 발견한 모든 것이다." … "나는 성인이 되지 않은 무책임한 소년의 즐거운 황금색의 턱수염을 기른 거인이라고 말하지 않았던가? 한 푼도 없었던 나는 스페르웨르호의 물통이 채워졌을 때 라국과 그 즐거웠던 땅 레이레이와 꽃화환의 자매들을 떠났다. 입술에는 웃음을 띠고 코에는 익숙한 배 냄새를 맡으며 요한 마텐스 선장 밑에서 다시 한 번 배를 타고 바다를 항해했다." … "스페르웨르호가 암초에 좌초되었을 때 우리는 일본해협을 지나 중국으로 가기 위해 황해로 들어섰을 때이다. 낡은 스페르웨르호는 무모한 욕조였는데, 너무 어설프고 바닥에 구레나룻처럼 해양 생물로 더럽혀져서 자신의 길에서 벗어날 수 없었다. 바람 방향과 가장 가까운 방향은 북동쪽이었고, 배는 방향도 없이 버려진 시계처럼 위아래로 갑작스레 움직였다. 스페르웨르호와 비교하면 작은 노 젓는 배들은 쾌속선이었다. 바람 부는 쪽으로 비껴 나아가는 것은 생각할 수 없었다. 바람을 등지게 돌리는 것은 모든 손과 경계의 눈을 필요로 했다. 이런 상황에 처한 우리는 48시간 동안 우리의 영혼을 아프게 때렸던 허리케인이 한창일 때 바람이 8포인트씩 바뀌어 바람이 불어가는 쪽 해안에 갇혔다." … "우리는 냉혹한 산 높이의 반대 방향 풍랑을 가로질러 폭풍우가 몰아치는 새벽의 차가운 빛 속에서 육지에 표류했다. 죽을 정도로 추운 겨울이고, 우리가 다가가기 어려운 해안을 힐끗만 볼 수 있는 연기를 내뿜는 폭설 사이 만일 해안이라 불린다 하더라도 너무 부서져 있어 우리는 접근할 수 없고 볼 수만 있었다. 셀 수 없는 암울한 바위섬과 작은 섬들, 그 너머 어렴풋한 눈으로 덮인 산들 그리고 어디에나 곧게 서 있는 절벽은 너무 가팔라 눈도 쌓이지 못하고, 갑은 돌출되어 있으며, 끓는 바다에서 돌출된 바위 틈새와 미끄러진 바위들이 있다. 우리가 밀려간 이 나라에는 이름이 없고, 항해사들이 방문했다는 어떤 기록도 없었다. 이곳의 해안선은 우리의 해도에 넌지시 비쳐져만 있다. 이 모든 것에서 우리는 주민들이 우리가 볼 수 있는 작은 땅만큼 무뚝뚝하다고 주장할 수 있었을 것이다. 스페르웨르호는 뱃머리를 절벽을 향해 몰았다. 그 깎아지른 절벽 하단까지 물이 깊어 하늘로 치솟은 뱃머리는 충격에 비틀리고 부서졌다. 앞 돛대는 고정용 강철 밧줄에서 큰 소리를 내며 뱃전으로 지나가더니 절벽으로 떨어졌다." … "위아래로 모두 길이 없었기 때문에 우리는 이틀 밤낮으로 절벽에서 죽어 가고 있었다. 삼일째 되는 날, 어선이 우리를 발견했다. 그 남자들은 온통 흙빛 흰옷을 입고 있었고, 긴 머리를 하여 기이한 모습을 보였으며, 나중에 알게 되었지만 결혼을 한 사람은 머리 매듭을 지어 정수리에 얹었고, 또한 알게 된 것은 논쟁에서 말이 통하지 않을 때는 한 손을 움켜쥐고 다른 손바닥을 때리는 것이다." … "배는 도움을 청하기 위해 마을로 돌아갔고, 대다수의 마을 사람과 도구가 동원되어 우리를 내리는 데 거의 하루가 걸렸다. 그들은 가난하고 불쌍한 사람들이었고, 그들의 음식은 심지어 뱃사람들조차도 먹기에 어려웠다. 그들의 쌀은 초콜릿처럼 갈색이었다. 종종 씹을 때 왕겨 일부, 부서진 조각, 식별할 수 없는 먼지와 함께 껍질의 반은 남아 있어 엄지와 집게 손가락으로 성가시게 하는 것들을 빼내야 했다. 또한 주민들은 기장 같은 곡류와 놀라울 정도로 다양한 절인 음식과 엄청나게 매운 것을 먹었다. 집은 흙으로 벽을 만들고 짚으로 지붕을 이었다. 마루 밑으로는 부엌의 연기가 지나가도록 되어 있어 잠자는 방을 따뜻하게 했다. 이곳에서 우리는 이곳의 긴 파이프 끝에 달린 조그만 통에 부드럽고 맛없는 담배를 담아 피우면서 스스로를 달래며 며칠을 누워 쉬었다. 또한 따뜻하고 시큼한 우유 같아 보이는 음료가 있는데, 엄청나게 많이 마셨을 때만 취한다. 몇 갤런을 들이켠 후 나는 취해서 노래를 불렀는데, 이것이 세계의 모든 곳을 가는 뱃사람들의 방식이다. 나의 행동은 다른 사람들도 고무시켜 곧 우리는 모두 밖에서 날카로운 소리를 내는 눈 폭풍도 모르고 해도에 없는 미지의 땅에 버려졌다는 걱정도 잊고 고함을 질렀다. 신도 잊은 땅. 노년의 요한 마텐스는 웃으며 나팔을 불고 힘차게 넓적다리를 때리며 소리를 냈다. 네덜란드인의 냉혈하고 냉랭한 짙은 갈색머리와 구슬 같은 검은 눈동자를 가진 헨드릭 하멜은 우리처럼 지독하지 않았고, 우윳빛 술을 더 마시려는 술 취한 선원들처럼 돈을 쓰지도 않았다. 우리의 행동은 세상을 놀라게 했다. 그러나 여자들은 술을 가져갔고, 마을 사람들은 우리의 기묘한 행동을 보기 위해 방으로 몰려들었다." … (그리고 마침내) "우리는 본토로 넘겨져 악취에 찌든 감옥으로 던져졌다." …

이러한 글이 잭 런던의 전형적 스타일이다.

제8장
겐테의 제주 여행: 최초의 한라산 등반 서양인[1]

요약

1901년 지그프리트 겐테 박사는 한국 제주도의 한라산을 등반한 최초의 유럽인이었다. 그는 '은자의 왕국'에서 가장 문화적으로 침체된 곳을 상당한 개인적 위험을 무릅쓰고 방문했다. 그의 제주도 문화 경관에 대한 설명은 1905년에 출간한 책 『한국(Korea)』에 포함되어 있다. 이 책은 유럽 언어로 쓰인 제주도에 대한 모든 지리적 여행 문헌의 보석이다. 이 글은 겐테 박사의 근대 제주 경관에 대한 기술 내용을 바탕으로, 그의 흥미로운 경험과

1) 이 글은 David Nemeth and Ernst-G. Niemann, 1982, "Siegfried Genthe's Cheju Odyssey(지그프리트 겐테의 제주 오디세이)," *Journal of Asian Culture*, 6, 74-103을 수정하여 새롭게 작업한 것이다. 이 연구의 일부는 UCLA 지리학과의 헨리 브루먼(Henry Bruman) 문화역사지리연구 지원으로 이루어졌다. 제주를 방문한 외국인 저자는 제주대학교 응용방사성동위원소연구소 소장 도미니쿠스 총(Dominicus Choung) 교수가 개인적으로 그리고 전문가로 많은 도움을 주어 신세를 졌다.

가치 있는 묘사를 더 많은 독자들에게 제공하려는 것이다.

서론

유럽과 미국의 여행자들이 극동의 경관을 사실에 기초해 지리적으로 기술하는 글을 접하기는 어렵다. 한국에 관한 서양 여행 문헌은 빈약해 추천할 만한 것이 거의 없다(Fujino, 1971: 1). 이는 일부 유럽 언어로 쓰여진 여행(travel) 문헌은 관광객(tourist)과는 반대로 분명 19세기 후반의 현상이기 때문이다.[2] 한국은 19세기까지 서구의 침입을 성공적으로 견뎌 낸 '은자의 왕국'이었다. 게다가 한국이 일본의 식민지였던 20세기 전반기 동안 유럽인들이 한반도, 특히 육지 밖의 섬을 여행하는 것은 엄격히 제한되었다.

독일 여행 문헌의 최고 작품 중 하나로 불려 온 것이 한국에 대한 최고의 여행 보고문 중 하나인 것은 우연의 일치다(Lautensach, 1945: 51). 이 여행 보고문의 일부는 매우 어려운 상황에서, 그리고 '은자의 왕국'에서 가장 고립되고 접근하기 어려운 제주도의 경관에 대해 작성되었다.

1901년 서울에 체류하며 독일 신문『콜니셴 자이퉁(Kolnischen Zeitung)』의 해외 특파원이자 활동적인 젊은 독일 학자인 겐테 박사는 화산활동으로 만들어진 한라산을 등반한 최초의 유럽인이 되겠다는 생각에 사로잡혀 위험을 무릅쓰기로 했다. 비록 겐테가 쓴 흥미로운 한국의 악명 높은 유배 섬에서의 경험에 대한 보고문은 오랫동안 독일 독자들에게 유익하고 간접적

---

2) 퍼셀(Fussell, 1980)에 따르면, 여행의 시대 이후 관광의 시대가 왔다. 19세기 여행 화가였던 에드워드 리어(Edward Lear)는 관광객은 '여성적인 여행자'라고 말했다(Lear, 1870: 255). 해외 관광에 대한 지리적 문헌은 1920년대에 등장했는데, 지난 몇십 년 사이에야 중요하게 간주되었다(Carlson, 1980, 153의 표를 보라).

인 즐거운 경험을 제공했지만, 이 보고서는 한국어나 영어로 번역되지 않았고 어떤 형태로도 출간되지 않았다.[3]

제주도에 대한 겐테의 잘 알려지지 않은 독일어 여행 보고문을 개략적으로나마 소개할 기회가 1980~1981년에 우연히 생겼다.[4] 이 글의 공동 저자는 제주대학교 관광학과에 객원교수로 있던 데이비드 네메스(David Nemeth)와 제주대학교에서 농업 연구를 위해 사용할 방사성동위원소 시설의 개발을 자문하고 있던 독일 생물리학자인 에른스트 니만(Ernst-G Niemann) 박사이다.

우리는 첫 만남 이후 바로 한라산을 같이 등반하고, 이후 제주 사람과 제주의 독특하고 고립된 화산 경관에 대한 관심이 높아지고 있는 것을 공감했다. 우리는 제주도에 대한 직접적인 지식을 가진 미국인이나 유럽인들이 거의 없다는 것을 알게 되었고, 20세기 근대화가 시작되기 이전에 외국인들이 제주를 여행하는 것이 어떠했을지를 추측했다. 답을 찾기 위해 우리는 제주에 대해 쓰인 일부 여행 문헌들을 검토해 보았다. 결국 몇 달 동안의 여가 시간 동안 우리는 길게 잘 쓰인 오래된 책인 겐테의 『한국(Korea)』(1905)을 열심히 읽었다. 우리의 목표는 그의 아름다운 독일어를 영어로 그대로 번역하는 것이 아니라, (분명) 한라산 정상에 오른 최초의 서양 여행자로서 그의 경험의 본질을 추출하는 것이었다. 우리가 여기서 제공하는 것은 겐테가 스스로 독일어로 기록한 제주도 모험을 기술하는 것이다. 겐테 모험담의 중요

---

3) 역주: 겐테의 한국 방문 기록은 한글 번역서로 출간되었다.

4) 이 연구 논문은 저자들이 기고한 두 신문기사를 확장한 것이다. 하나는 일간지 *Korea Times*(서울, 한국)에 실린 "겐테의 흥미로운 제주 여행"(1981년 4월 25일), 다른 하나는 월간 『아이슬랜더(Islander)』(제주, 제주대학교)에 실린 "겐테 박사의 제주 여행"(1981년 4월 25일과 5월 25일)이다. 이 두 기사를 논문으로 발전시킨 네메스 교수가 이 논문의 형식과 내용에 대한 교신 저자이다.

한 특징을 영어 독자에게 처음으로 제시하는 것은
외국 풍경에 대한 이 대담한 관찰자의 보다 상세
한 전기를 홍보하고, 겐테가 그의 여행 산문에서
매우 잘 포착한 전근대기 제주도와 제주 사람들에
대한 학문적 관심을 불러일으키기 위해서이다.

지그프리트 겐테 박사

겐테의 랜드마크인 제주를 미국 독자들에게 한
미 친선과 통상조약에 따라 한국 개항 100주년을
기념하는 공식적인 '한미 우호의 해'인 1982년에
처음 소개하는 것은 더욱 시기적절했다. 당시 겐테가 과감하고 성공적인 한
라산 등반을 시도한 것은 80년 전이었다. 1982년은 또한 다양한 제트 항공
기를 수용하며 국제적인 대중 관광 시대의 개막을 알리는 제주공항 시설이
막 완성된 해이기도 해서 의미가 크다.[5]

이 글은 겐테의 간략한 일대기, 제주도의 절대적 그리고 상대적 위치, 겐
테 도착 전 서구인의 탐험과 여행, 그리고 겐테 박사의 제주 여행 요약의 순
서로 작성되었다.

겐테의 간략한 일대기

지그프리트 겐테(1870~1904)는 독일 마르부르크에서 지리학박사 학위
를 취득했다. 그의 박사 학위논문은 1896년에 완성되었는데, 페르시아만
지역의 역사와 지리적 변화에 초점을 맞추고 있다. 겐테 박사의 주요 출간
된 작업으로는 한국(1905년), 모로코(1906년), 사모아(1908년)에 대한 글들

---

5) 전두환 대통령은 1982년 2월 7일 공식적으로 제주도에 새로이 확장된 공항을 개장하기로 했다
(*Korea Times*, 1982년 2월 8일, 28쪽 신문기사).

이 있다. 두려움을 모르는 보도 기자였던 겐테 박사는 이들 나라를 여행하며 습관적으로 조사를 진행했다. 결국 그의 강박적인 여행 열정은 죽음으로 이어졌는데, 1904년 3월 34세의 나이로 모로코에서 암살당했다. 그의 작업들은 겐테의 전기작가인 게오르크 베게너(Georg Wegener) 박사가 편찬한 사후 판본 연속물로 소개되었다.

겐테 박사의 한국 경험은 독일 신문에 해외 통신원으로 고용되었던 1901년부터 시작된다. 그는 한반도를 거의 다 여행했고, 금강산을 등반했다. 한국에 짧게 머무는 동안 겐테는 정치와 사회 상황을 다루는 수많은 통찰력 있는 신문 보도 기사를 작성했다(Lautensach, 1945: 51).

제주도의 절대적 그리고 상대적 위치

한국 역사에서 제주도는 삼재도, 즉 바람, 홍수, 가뭄의 세 가지 재해의 섬으로 명성이 높다(Kim, 1976: 374).[6] 한반도의 남서쪽 끝에서 남쪽으로 약 100km 정도 접근하기 어렵게 위치하고 있는 제주도는 한국과 제주를 모두 포함하는 중국 전통문화 영역의 독특한 배후로 발전했다.

제주도는 현재 한국에서 가장 큰 섬이다. 우리가 최초로 보도를 공개했던 1979년 당시 제주 인구는 456,988명으로 대다수는 농부나 어부였으며, 이들은 면적 1,825km²의 지역 중 거주가 가능한 해안 지역에 위치한 마을에 살았다(제주통계연보, 1980: 20). 섬 중앙에 높게 솟아 오른 것은 남한에서 가장 높은 바위투성이의 한라산이다. 이 휴화산은 타원형 모양을 한 섬의 많은 지형을 설명한다. 서기 1007년에 마지막으로 활동한 한라산은 측면에

---

6) 이 글에서는 한국어를 로마자로 표기하기 위해 매큔−라이샤워(McCune−Reischauer) 표기법을 사용했다.

300개가 넘는 기생 화산추와 더불어 중앙에 분화구를 가지고 있다. 많은 연강수량에도 불구하고, 제주에는 구멍이 많은 화산 토양으로 인해 지표에는 물이 없다. 한라산에서 사방으로 뻗어 있는 바위투성이의 험준한 계곡을 따라서는 범람이 발생하는 것이 아니라 섬 대부분이 심각한 식수 부족을 연중 겪고 있다. 해안이나 그 근처에는 지하수가 용출되는데, 이곳에서 옛 도회지와 마을을 발견할 수 있다. 제주의 광범위한 다공성 토양이 논농사를 거의 불가능하게 하기 때문에 제주는 건조한 밭농사가 주를 이루는데, 이 풍경은 한국 남부의 논농사 풍경과 뚜렷한 대조를 이룬다.

제주도에는 안전한 자연 항구가 없다. 이로 인해 제주도는 역사적으로 이웃한 중국인과 일본인뿐만 아니라 한국 본토로부터도 고립되었다. 한국 본토인과 제주도민 모두 제주도의 개발 역사에서 제주도의 고립이 가져온 영향을 인정한다. 주변부에 위치한 입지적 특성은 물리적으로나 문화적으로 독특한 제주도를 만들어 냈는데, 이러한 절대적 그리고 상대적 위치는 여러 면에서 제주에 불리하게 작동했다.

고고학적 증거에 따르면, 제주는 구석기 시대부터 사람이 거주했다(Jung, 1977: 131). 초기 거주자에 대한 제주 전설은 수렵인/채집인에서 농경인과 목축인으로의 변화를 담고 있다(Heydrich, 1931: 8). 섬에서의 농경은 불가능해 제주의 광활하고 건조한 산의 경사면들은 오래전부터 말과 소 방목으로 이용되었다. 이러한 특성은 13~14세기 동안 제주도가 몽골의 목장으로 중요했던 배경이다.

제주도의 험한 물리적 환경은 오랫동안 한국 사회에 유배자와 범죄자들을 위한 장소로 적합했다. 유배 양반들은 토착 무속과 불교와 함께 제주도에 유교를 보존시켰다. 섬 주민들 사이에 문화적 차이는 있지만, 섬 주민과 육지부 한국인들 사이에 수세기 동안 점진적으로 발전해 온 뿌리 깊은 문화적 차이와 반감에 비하면 미미하다. 중앙정부에 대한 섬 주민들의 수많은 반란이 한국 역사 전반에 걸쳐 일어났다.

겐테 박사는 이 격동의 시기 와중에 한국에 도착했다. 그가 도착한 것과 거의 같은 시기에 제주도에서 대규모 조세 반란이 일어났다. 섬 주민 10,000명이 제주시를 포위했는데, 이들의 시도는 우도 최동단에 살고 있는 일본인들도 지원을 했다. 반란 군중은 성벽 아래에서 격노했고 성문 안에 있는 모든 사람들, 특히 정부 관리와 모든 기독교인들을 죽이겠다고 위협했다. 성벽 안의 방어자들은 무기고에서 오래된 무기를 가져와 무장했지만 식량이 부족했다(Sands, 1930: 169). 어느 날 밤 굶주림이 두려워 배반한 여자들이 안에서 성문을 열어젖혔다. 반란군들은 성안으로 밀고 들어가 방어자들을 학살했다. 프랑스 사제 2명을 포함한 소수의 기독교인들만이 살아남았다. 당시 서울에 있는 겐테는 한라산을 등반하기로 결심하는데 아마 이보다 더 부적절한 시기는 없었을 것이다. 그러나 그의 목적이 달성된 것은 아마도 이러한 혼란에 뒤이은 혼동과 분열을 잘 이용했기 때문이었다.

겐테 박사 도착 이전, 서구인의 제주도 탐험과 여행 개관

이곳에서는 앞 장에서 언급한 극단적 상황과 기후 상황을 조금 더 상세하게 다시 소개한다. 제주 땅에서 일어난 서양인들의 역사 기록은 1653년 8월 8일 네덜란드 선박 '스페르웨르'(Ledyard, 1971)의 난파에서 시작된다. 36명의 선원들은 살아남았지만 섬 주민들이 해변에서 붙잡았다. 이들 '스페르웨르'의 난파된 선원들은 20세기까지 모든 유럽인들에게 '퀠파트섬'으로 알려진 제주도에 9개월 동안 감금된 뒤 서울로 옮겨졌다.[7] 선박의 사무장인 헨드릭 하멜(1630~1692)은 항해 선원 7명과 함께 결국 한국에서 일본으로 탈출한 뒤 유럽으로 돌아가 자신의 경험을 기록한 한국 관련 유럽 최초의 책을 출간했다.

하멜은 제주도 경관을 기술한 최초의 유럽인이다. 그러나 그의 도착과 감금 상황으로 인해 섬에 대한 그의 인상은 불편함과 고통으로 채색되었다.

하멜과 동료 선원들은 네덜란드에서 한국인으로 귀화해 서울의 중앙정부에서 일하고 있던 얀 야너스 벨테브레이(Jan Janse Weltevree, 한국 이름은 박연)와 제주에서 면담을 했다. 벨테브레이는 자신의 이주 생활이나 제주 방문에 대한 기록을 남기지 않았다. '스페르웨르' 난파 이후 유럽인들이 제주에 상륙한 기록 사이에는 약 200년의 긴 세월이 흐른다.

1845년 6월 23에서 7월 14일 사이, '영국 해군함 사마랑(H. M. S Sama-rang)'이 과학적인 조사를 위해 제주 해역에 나타났다. '사마랑'의 임무는 항해에 도움을 주기 위해 제주도를 상세히 조사하고, 제주도 자연의 역사를 기록하는 것이었다. 선장인 벨처 경(Sir Edward Belcher)과 보조 의사인 아서 애덤스(Arthur Adams)는 보고서를 정리하였고 이후 보고서는 출간되었다(Belcher, 1848).

비록 '사마랑'의 선원들은 제주도에 여러 차례 상륙하였지만 섬 주민들은 이들이 섬 내부로 들어오지 못하도록 막았다. 그 결과 선원들의 조사는 해

---

7) 레드야드(Ledyard, 1971)는 퀠파트(Quelpart)라는 이름을 예전 17세기 동아시아 해역을 항해하던 선박 형태를 기술하는 네덜란드 단어인 퀠파트(quelpart)에서 기인한 것으로 본다. 여러 가지 철자법이 사용되었다. 일제강점기(1910~1945)에는 대다수의 지도에 제주가 사이슈토(Saishu-to)와 사이시우토(Saisyu-to)로 표기되었다. 1945년 런던에 있던 스탠퍼드지리기구(Stanford's Geographical Establishment)가 발간한 자바와 중국 사이의 해로 지도에는 제주도가 어떤 이유에서인지 '쥐 또는 퀠파트 I(Mouse or Quelpart I)'로 표기되었다.

안 지역과 근해에서만 이루어졌다. 벨처는 섬 주민들이 무례하고 다루기 힘들어 마을로 들어가 주민들과 어울리려 하지 않았다고 적고 있다. 그는 제주성에 들어가 목사를 만나려 시도했으나, 폭력에 대한 두려움으로 도중하차했다.

벨처와 애덤스는 영어로 쓰인 제주에 대한 과학적 기술을 최초로 남겼다. 출간된 책자에서 벨처의 문장은 다음의 생생한 글에서 보여지듯 문학작품처럼 잘 읽힌다.

> 퀠파트는 수많은 원뿔형 산으로 덮여 있는데, 이들 중 다수는 활동을 마친 화산 분화구를 정상부에 가지고 섬의 중심에 발을 딛고 머리는 구름 속으로 사라진 한 높이 솟은 거인 앞에 모두 머리를 숙이고 있는 타원형의 바위산이라고 할 수 있을 것이다. 언덕과 산사면 사이의 평야와 계곡을 포함한 전체적인 지면은 돌을 쌓아 만든 단정한 벽으로 나누어진 밭이 펼쳐져 있는데, 조심스레 풍족하게 그리고 가장 아름답게 경작되고 있다(Belcher, 1848: II, 450).

벨처 이후 제주를 방문하고 자신의 방문을 기록한 서구인은 대담하고 다소 거만한 미국인 샤이에롱 대령(Colonel C. Chaille-Long)이다. 그는 주한 미국 공사 및 총영사였을 때 "한국 사람의 다소 신비스러운 기원에 대한 실마리"(Chaille-Long, 1890: 226)를 찾고 탐험의 모험을 즐기기 위해 제주에 가기로 결심했다.

1888년 9월 28일과 10월 3일 사이 샤이에롱은 제주를 여행했다. 그러나 그는 제주 목사로부터 이동에 많은 제약을 받았다. 샤이에롱이 한라산 등반

의사를 제주 목사에게 물어보자, 그는 한라산을 오르려면 100일간의 기도가 있은 후에만 가능하고, 의례를 준비하지 않고 산에 오르면 산신령이 화를 낸다고 들었다. 샤이에롱은 목사에게 산에 오르지 않겠다고 약속했다. 대신 그는 제주 성내를 며칠 돌아다니며 많은 사진을 찍었다.[8]

다음으로 제주를 여행한 외국인은 서울에서 온 장로교 선교사인 피터스 (A. A. Pieters)인데, 연도가 불확실하지만 1898년 2월에 방문이 이루어졌다 (Pieters, 1905; Hulbert, 1905). 그의 설명은 가치가 있지만 너무 간략하고 느슨하게 구성되어 있다. 피터스가 세밀한 것에 좋은 안목을 가졌다는 것이 그의 제주 설명에서 드러난다. 그는 방문 기간 동안 섬을 일주하는 기회를 가졌으나 한라산을 오르지는 않았다.

미국 외교관인 샌즈(William Franklin Sands)는 1901년에 제주에서 몇 주를 보냈다(Sands, 1930). 특별히 그는 기독교로 개종한 많은 사람들의 생명을 앗아 가고 외국인 사제들을 위협한 세금 반란을 진압하기 위해 왔었다. 샌즈는 방문 기간 대부분을 포위된 제주성 안에서 보내게 되어 섬을 여행할 기회가 없었다. 샌즈의 제주 방문 다음 해에 겐테 박사가 한국에 도착했다.

지그프리트 겐테 이전 시기 제주에 대한 탐험과 여행 기록은 이들이 전부일 가능성이 크다.[9] 이들은 제주를 실제 걷고 섬 주민들과 제한적으로나마

---

8) 1980년 2월 28일 개인 교신 결과, 미국 국회도서관 문서담당관인 헤프론(Paul T. Heffron)으로부터 도서관에서 수집한 샤이에롱 관련 자료 중 제주도에 관한 자료에는 사진이 포함되어 있지 않다고 들었다.

9) 이 리뷰에 포함되지 않은 것은 1787년에 방문한 라페루즈(La Pérouse), 1797년에 방문한 브루턴 (William Robert Broughton), 1816년에 방문한 홀(Basil Hall) 선장들인데, 이들 선장과 선원들은 제주를 해안에서 관찰만 하고 상륙하지는 않았다. 추가로 1854년 러시아인 곤차로프(Ivan A. Goncharov), 1904년 미국인 런던(Jack London) 등 몇몇 유명한 19세기 문학가들이 제주 근처로

상호작용을 했던 난파 선원, 탐험가, 여행자들이 기록한 인상들이 섞여 있어 흥미롭다.

겐테의 제주 오디세이 요약

겐테의 제주도 여행의 핵심을 추출하기 위해 우리는 겐테가 독일어로 쓴 『한국』(1905)에서 90쪽 분량의 본문을 요약했다. 겐테의 표현 그 자체가 그를 둘러싼 모호한 제주 경관에 대한 자신의 관점, 통찰력, 의견 그리고 특이하고 흥미로운 세부적인 사항을 포착하는 그의 능력을 가장 잘 보여 준다. 겐테에 대한 설명은 그대로 번역한 몇 가지 예를 요약하는 방식으로 내용을 구성했다. 또한 요약을 보충하기 위해 몇 가지 그림 자료를 포함시켰다.

겐테 박사의 제주 방문은 몇 가지 동기에서 이루어졌다. 신문 보도 기자로 그는 제주도의 세금 반란의 혼란과 비극에 몹시 관심이 있었다. 또한 제주의 신비스러운 화산 경관에 흥미를 가지고 지중해의 스트롬볼리산을 등반한 기회를 놓친 이후 해양 분출 화산에 오르고 싶은 강한 충동을 가지고 있었다. 겐테는 중국해를 여행하는 동안 두 번이나 멀리서 한라산을 보고 등반을 결심했다.

겐테 박사는 제주도를 방문하려 문의를 했으나 불행하게도 불가능하다는

항해를 했다(Goncharov, 1951; Hendricks and Shephard, 1970). 이들이 대담하게 더 가까이 접근하거나 상륙했었더라면 제주 섬은 이들의 글을 통해 서방 세계에 더 잘 알려졌을 것이다. 겐테보다 먼저 제주를 직접 여행하며 쓴 기록은 있을 수도 있지만 아직 발견되지 않았다고 생각할 수 있다. 예를 들어, 겐테가 도착하기 몇 년 전 유럽의 성직자들로 구성된 가톨릭 선교단이 제주에 설립되었다. 우리는 이 사제들의 일기와 보고서는 검토하지 않았다. 이들 자료는 여행 기록은 아니지만 잠재적으로는 귀중한 문서로, 아마도 아직 확인되지 않은 제주를 방문한 일부 유럽 방문객들의 존재를 드러낼 수 있을지 모른다. 물론 성직자들 스스로가 겐테보다 먼저 한라산을 등반했을 가능성은 희박하다.

답신을 받았다. 그 이유는 해류가 위험하고, 제주도 사람들은 "한국, 중국, 일본 사람들보다 더 거칠고 잔인하고 외국인을 증오하는 대담한 해적들"(Genthe, 1905: 225)이라는 등의 여러 가지였다.

이러한 이유는 겐테의 결심을 꺾지 못했고 그의 호기심을 더욱 유발시켰다. 그는 더욱더 제주에 대해 자신이 할 수 있는 만큼 많은 것을 배우기로 결심했다. 그는 당시 제주 반란군의 항복 협상을 마치고 돌아온 미국 외교관인 샌즈를 찾아 면담을 했다. 샌즈는 제주 목사에게 보여 줄 소개장을 겐테에게 써 주었다. 당시 제주를 여행하기 위해서는 허가가 필요했는데, 겐테는 서울에 있는 정부 기관으로부터 이를 얻었다.

그리고 나서 겐테 박사는 통역, 요리사, 비서를 대동하고 장비를 갖춘 후 서울에서 당시 제물포로 불리던 인천으로 향했다. 그곳에서 겐테는 제주도로 가는 교통편을 구했다. 당시 인천에는 몇 명의 유럽인만이 살고 있었는데 모두 겐테의 계획이 미친 짓이라고 했다. 그는 제주로 가는 배편 예약을 시도했다. 당시 제주도로 가는 배는 정부에서 일 년에 두 번 운항하는 증기선뿐이었다. 제주에는 안전한 심해 항구가 없었기 때문에 이마저도 종종 이루어지지 못했다. 여러 차례의 지연과 실망 끝에 겐테 박사는 마침내 1901년 10월 초에 제주로 출발할 수 있었다. 그의 선박은 20년 된 700톤짜리 노르웨이 화물선이었다. 그 배의 항해사들은 스칸디나비아인이고, 선원들은 한국 사람이었다.

제물포에서 제주로 가는 남쪽으로의 여행 동안 겐테는 한국의 다도해인 '만 개의 섬(10,000 island)'을 통과했다. 그는 항해 중 이 놀라운 광경에 감명을 받았다고 기록했다. 그는 바다에 대한 흥미로운 이야기로 자신을 즐겁게 해 준 선장과 좋은 친구가 되었다.

항해 3일 후 겐테 박사는 마침내 멀리서 한라산을 바라볼 수 있었다. 해안 몇 킬로미터 안으로 배가 접근하자 파도가 부서지는 소리가 커졌다. 겐테 박사는 섬을 "수목한계선 아래의 모든 것, 토양, 집, 해안 그리고 사람들은 검게 보였다."라고 특징을 기술했다(Genthe, 1905: 261-262).

떼목선이 겐테의 배를 만나기 위해 다가왔다. 떼목선이 화물선 옆으로 당겨지자 겐테는 이들이 위험하고 거친 제주 해안에서 잘 작동되도록 고안되었다는 것을 알아보았다. 그 떼목은 전복되지 않았다. 반면, 배에 있는 어떤 것도 젖지 않게 할 수는 없었다. 겐테가 설명하는 제주도 떼목선은 아래 그림과 같을 것이다.

겐테 박사는 제주 떼목선 사람이 본토 한국인처럼 흰옷을 입지 않은 것에 놀라 '무례하고 검은 옷을 입은 친구'라 불렀다. 이들은 손으로 짠 거친 검은색과 붉은 갈색으로 염색한 천으로 만든 옷을 입고 있었다. 모자는 챙이 넓고 동물 털로 만들어졌다.

겐테 박사는 힘들게 파도가 휩쓴 떼목선 중 하나에 하인과 함께 짐을 가

제주도의 떼목선, 테우 스케치(원서에는 그림이 없으나 독자의 이해를 돕기 위해 원본에 있는 그림을 삽입하였음)

지고 옮겨 탔다. 그리고 작별 인사가 아래와 같이 이어졌다.

선장: 당신을 데리러 4~5일 후에 돌아오겠소.

겐테: 모든 수단을 동원해 꼭 돌아와야 합니다.

선장: 절대 확신합니다.

겐테는 선장을 다시는 보지 못했다(Genthe, 1905: 264).

뗏목선이 해안에 도착하자 겐테는 자신을 향해 뛰어오는 여러 여자들을 보았다. 이들 외에도 남자와 어린아이들이 호기심으로 바위에 웅크리고 앉아 지켜보고 있었다. 이 여자들은 짐을 받아 멀리 있는 절 같은 객관으로 옮겼다. 겐테는 동양 여인들이 이렇게 공격적인 것을 보고 놀랐다. 제주를 여행한 거의 모든 사람들은 비슷한 놀라움을 기록하고 있다. 제주와 육지부의 중요한 문화 차이 중 하나는 여성들의 특성이 두 사회에서 극적으로 다르게 드러나는 것이다. 예를 들어, 샌즈(Sands, 1930)는 그가 만난 제주 여성을 대다수의 제주를 여행한 외국 여행자들처럼 '아마존 사람'으로 정형화했고, 거의 우둔해 보일 정도로 정숙한 대다수 극동 유교 사회의 여성과 대비시켰다.

실제 전통적인 제주는 중국에서 발전해 조선 시대(1392~1910) 한국에 확대된 가부장적인 유가 이념의 영향을 강하게 받았으나, 겐테는 제주도의 숙련된 여성 해녀들이 가족을 위해 '가장' 역할을 하고 남성들은 '나태한 계층'으로 남아 있는 섬 모계사회의 흔적을 관찰하고 있었다(Cho, 1979: x).

겐테는 제주 성벽 아래에 상륙했다. 이곳에는 모래가 없고 파도에 침식된 검은 바위만 있었다. 이들 검은 돌은 집을 짓고 초가지붕이 폭풍에 날리지 않게 누르는 돌로도 이용되고 있었다. 제주성 자체도 현무암을 층층이 쌓아 만들어졌는데, 기단 벽을 덮고 있는 덩굴들만 검은색이 아니었다.

성문 안으로 들어서자, 겐테는 길이 어둡고 좁으며, "먼지를 일으키면서 혐오스럽게 배를 끌고 다니는 더러운 돼지들이 벌거벗은 아이들과 야윈 검은 개와 나란히 땅을 파고 있다."라고 적고 있다(Genthe, 1905: 266). 남자들은 문간 출입구에 앉아 있고, 여자들은 나무와 물을 나르며 한편에서는 수수를 빻느라 분주히 움직이고 있다.

목사는 곧바로 겐테 박사를 숙소로 안내할 사람을 보냈다. 안내자들은 넓은 길을 따라 겐테와 이동한 후 멋진 집이 있는 마당으로 인도했다. 겐테 박사가 이용하도록 앞서 묵던 사람이 급히 방을 비웠다. 당시 제주성에는 호텔이나 여관이 없었다.

겐테 박사는 도착하자마자 곧바로 통역 편으로 프랑스 포도주, 캘리포니아 과일 통조림, 러시아 차, 일본 담배를 포함한 푸짐한 선물을 목사 집으로 보냈다. 목사는 보답으로 병졸과 기악대를 앞세우고 목사 납시오를 외치며 겐테를 방문했다. 목사는 노란색 비단옷을 입고 빨간 신발을 신었다. 관리들은 녹색 옷을 입었다. 술 선물을 겐테에게 주었다.

겐테 박사는 이 기회에 목사에게 한라산을 등반하겠다는 의도를 말했다. 길고 완곡한 부탁을 들은 후 목사는 겐테에게 직설적으로 말했다.

당신은 절대 한라산에 오르면 안 된다. 원주민이건 이방인이건 아무도 정상에 오른 적이 없다. 누구든 한라산에 올라 휴식을 방해하면 산신령이 악천후, 폭풍우, 흉작, 유행병으로 섬을 재앙에 빠뜨릴 것이다. 흉작은 사람들이 외국인인 당신을 원망하고 분명 신체에 해를 끼칠 것이다(Genthe, 1905: 268).

이 순간 기묘하게 요란한 번개비가 제주성으로 내달았다. 목사는 겐테의 계획이 벌써 산신령을 노하게 했다고 생각해 무서워하며 곧바로 떠났다. 그러나 모험가인 겐테는 우비를 입고 전망을 보기 위해 성벽에 올랐다. 그는 이 장면을 "위에는 강대한 푸르고 검은 구름과 요란한 바람이 불고, 아래에는 파도와 귀를 멍멍하게 하는 소리가 나"(Genthe, 1905: 269) 무섭고 어두웠다고 기록했다.

다음날 겐테는 목사에게 한라산 등반을 허락해 달라고 압박했다. 겐테의 주장은 설득력이 있어 목사는 마침내 허가와 더불어 독일 모험가에게 지원과 우정을 약속했다. 여기에 더해 그는 정상에 가 본 적은 없지만 들은 바는 있는 안내자를 겐테에게 붙여 주었다. 마을에 겐테와 동료를 헤치지 말라는 경고 또한 전달되었다.

한라산 등반을 준비하는 동안 겐테 박사는 세금 반란의 끔찍한 결과를 조사하기 위해 제주성 옆에 있는 사라봉에 올랐다. 이곳에서 그는 하늘이 독수리와 같은 새로 가득 찬 것을 보고, 이는 살해된 기독교인들이 던져져 묻힌 평지에 가까운 무덤에서 나는 시체 썩는 냄새 때문이라고 적었다.

다음날 10월 15일 겐테는 오랫동안 기대했던 한라산 정복을 시작했다. 그는 제주성의 서문을 통해 말을 타고 출발했다. 사진은 앤더슨(Anderson, 1905)이 제주를 여행하며 찍은 서문이다. 겐테는 보급된 말, 말지기, 짐꾼, 통역, 안내인, 경호원을 동반했다. 날씨는 맑고 고요했다.

성문에서 목사는 겐테에게 다시 생각해 보거나 수확이 시작될 때까지 적어도 몇 주만 등산을 늦추어 달라고 간청했다. 그러나 모두 소용없었다. 어린이, 거지 그리고 많은 사람들이 겐테와 일행을 따라 성문을 지나 서쪽으로 멀리까지 따라갔다. 일행들은 결국 지쳐 따라가기를 포기했다.

제주성의 서문, 1905년경.
말콤 앤더슨의 사진

   내륙으로 이동해 해발 500m 고도 표시에 도착하자, 겐테는 상세하고 정보를 수집하는 관찰을 기록했다. 용암 노두가 어디에나 있고, 저지대는 인구밀도가 높으며, 주거는 용암이 부서져 토양이 된 해안 지역에서만 나타났다. 또한 수수와 고구마는 풍부하고, 500m 이상에는 경작지가 없다.

   겐테 박사는 높이 쌓인 검은 용암석으로 둘러싸인 수많은 무덤을 보았다. 전형적인 제주의 산담 무덤은 다음 그림과 같다. 겐테의 안내자는 제주 사람들이 19세기 전까지는 죽은 사람을 매장하는 관습이 없었으며, 대신 시신을 뗏목에 실어 바다로 떠나보냈다고 말했다. 겐테는 이러한 방식이 불교와 어느 정도 관련이 있다고 추측했다.

   겐테는 첫날밤을 폐허가 된 불교 사찰에서 보내려고 계획을 세웠다. 이 절은 해발 1,000m 표지판 근처에 있을 것으로 추정되었다. 그러나 절을 찾지 못한 채 해가 저물었다. 짐꾼은 지쳤고 무례해졌다. 해질 녘에 그들은 짐을 내려놓고 집으로 돌아가겠다고 위협했다. 말지기 또한 좋아 보이지 않았다. 겐테 박사의 경호원은 이들 오합지졸을 통제하는 데 어려움을 겪었다.

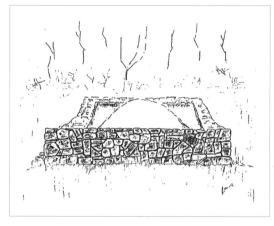

제주도의 산담 스케치(원서에는 그림이 없으나 독자의 이해를 돕기 위해 원본에 있는 그림을 삽입하였음)

겐테 안내자는 이 지역에 아무런 절의 흔적이 없다는 좋지 않은 소식을 전했다.

이제 칠흑같이 어두워졌다. 차가운 바람이 불었다. 어둠 속에서 덤불을 통과하기는 거의 불가능했다. 최악의 상황이 되었을 바로 그때 겐테는 멀리 불빛을 발견했다. 안내자는 재빨리 조개껍질로 만든 피리를 꺼내 경고의 소리를 냈다. 아무 대꾸도 없었다.

겐테 일행은 앞으로 나아갔고, 곧 남자가 나무를 베는 소리를 들을 수 있었다. 불빛을 낸 모닥불로 달려가 수적으로 많은 겐테 박사의 짐꾼들은 놀란 나무꾼을 압도했다. 짐꾼들은 나무꾼에게 겐테의 짐 운반을 돕도록 강요했다. 안내자는 겐테에게 이렇게 거칠게 산사람들에게 강제로 일을 시키는 것은 제주의 관습이라고 설명했다.

나무꾼들은 불교 사찰이 파괴된 지 오래되었다고 말하고, 겐테 일행을 2.5km 떨어진 자신들의 오두막으로 데려갔다. 2시간 동안 이들은 나무뿌리에 걸려 넘어지고 나뭇가지에 미끄러지며 걸었다. 바위틈에 지어진 오두막에 도착했을 때 마루 가운데에서 타고 있는 소나무 불을 발견했다. 남자, 여자 그리고 아이들이 불을 둘러싸고 모여 있었다.

　호되게 추웠다. 산사람들은 동물 가죽옷과 모자를 쓰고 솜을 누빈 바지를 입고 있었다. 연기가 오두막을 채워 겐테는 눈물을 흘렸다. 오두막의 온도는 12.5℃였다. 겐테는 추위가 걱정스러웠다. 그는 브랜디, 럼주, 코냑을 23명의 나무꾼과 본인의 일행 12명에게 나누어 주었다. 그의 인기는 덕분에 매우 높아졌다. 겐테 자신은 럼주를 섞은 차만 마셨다.

　다음날 겐테는 나무꾼들의 오두막이 고도 1,070m에 위치하고 제주시로부터 40km 떨어져 있다고 추정했다. 곧바로 그는 통역, 경호원, 나무꾼 중에서 선발한 안내자와 정상에 올랐다. 원정에 관심이 없는 나머지 일행은 오두막에 남아 있었다.

　안내자는 한라산 정상에 하루 만에 올라갔다 오는 것은 불가능하다고 경고했지만 겐테는 그를 믿지 않고 고집스레 밀고 나갔다. 이들은 곧 길을 잃었다. 다시 위치를 파악했을 때는 웅장한 야생 절벽인 '오백장군' 아래에 서 있었다.

　겐테는 그곳을 해발고도 1,460m로 측정했다. 안내자는 계속 나아가기를 주저했지만, 겐테는 그를 협박해 등반을 계속했다. 이들은 덤불에서 빨간색 체리로 에너지를 보충하며 수목한계선을 지나 계속 등반을 이어 갔다. 겐테는 이들 열매의 맛이 노간주(juniper) 맛과 비슷하다고 생각했다.

　겐테는 가져간 과학 기구를 사용해 다시 자신들이 제주시로부터 62km를 이동했다고 측정하고, 이 고도에서의 경사는 100분 단위의 10°로 계산했다. 이들 앞에는 등정의 마지막 구간인 350m 정도의 가파른 경사가 나타났다. 2시간 반을 걸어 이 경사를 통과했다.

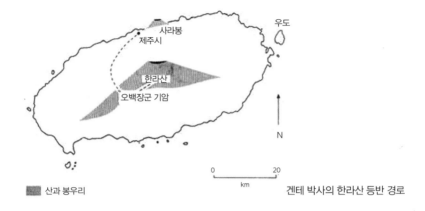

| 우도 |
| 사라봉 |
| 제주시 |
| 한라산 |
| 오백장군 기암 |
| N |
| 0   20 |
| km |

■ 산과 봉우리   겐테 박사의 한라산 등반 경로

　마침내 이들은 분화구 가장자리의 산 정상에 도착했다. 장엄한 오후 경관
은 이들의 피로를 말끔히 씻어 주었다. 겐테는 직접 걸으며 천천히 정상부
를 조사하면서 그런 높이에서 가질 힘을 느껴 보았다. 그는 왕처럼 느꼈을
지 모르지만 과학자처럼 행동했다. 그는 자신의 기록에 섬을 하늘에 내려
보듯이 아주 상세하게 묘사했다. 그는 과학 장비를 설치한 후 정상을 해발
1,950m 또는 6,390피트로 측정했다. 아래로 생선 비늘처럼 반짝거리며 펼
쳐진 광활한 광야를 보며, 겐테는 완벽하게 맑은 날의 시야 범위가 165km
까지 확장될 수도 있다고 추정했다.

　겐테 박사는 분화구 주변을 천천히 걸으며 측량을 하고 사진을 찍기 시작
했다. 그는 분화구 안에 있는 정상부의 작은 호수에 대해 궁금해했다. 이 지
역 전설은 호수가 매우 깊고 지하 세계로 가는 길이라고 믿었다. 겐테는 이
를 의심했지만 호수 주위에서 짙은 분변과 어슬렁거리는 작은 말을 발견하
곤 매우 흥미를 보였다. 겐테에게 안내인은 말들의 주인이 따뜻한 콩국을
먹였다고 말했다.

　그의 호기심은 충족되었다. 이제 겐테 박사는 어떻게 돌아갈 것인가의 문

제에 봉착했다. 잠시 산에서 내려가는 다른 길을 생각했다. 남쪽 지역은 너무 가파르게 보였다. 동쪽은 완만한 경사지만 너무 길게 보였다. 섬의 말들은 이 높은 초지로 의심할 바 없이 동쪽 방향에서 올라올 것이다. 햇살이 물러나며 겐테는 벌목꾼의 집으로 가는 가장 짧은 길을 따라 서쪽으로 돌아가기로 결정했다. 그의 하산은 3시간이 소요되었다.

다음날인 10월 17일, 겐테는 제주시로 돌아왔다. 그는 2박 3일에 걸쳐 한라산 등반의 목표를 달성했다. 이제 그는 제주도를 떠날 걱정을 했다. 불행하게도 노르웨이 증기선은 선장이 약속한 것처럼 그를 기다리지 않았다.

일주일을 헛되이 배를 기다린 후 겐테는 일본의 식민지이고 좋은 배가 있다는 제주도의 동쪽 끝에 있는 우도를 여행하기로 마음먹었다. 그는 육로와 바다로 우도를 여행했다. 도착했을 때 그는 많은 일본 사람과 기대했던 배를 발견했다. 그러나 일본 사람들은 겐테에게 매우 불친절했고 본토로 가는 해상 운송을 거절했다.

5일이 소요된 우도 여행은 성공적이지 못했다. 이런 모든 실망에도 이 여행에 대한 겐테 박사의 기록은 즐거운 읽을거리를 제공한다. 그는 자신과 여행을 같이 한 한국 고위층 관리의 외양과 행동을 유머 있게 상세히 기술한다. 겐테는 통역자를 통해 이 양반 관리와 대화를 나누며 제주도에 대해 많을 것을 알게 되는데, 그는 아침마다 전날 밤에 나눈 대화를 한국말로 써서 겐테에게 전해 준다.

제주시로 돌아오며 겐테는 시에서의 일상생활에 대한 유익한 내용을 자신의 일기에 기록하기 시작했다. 예를 들어, 그는 감옥을 방문했고, 근육을 자르는 가는 밧줄과 같은 징벌과 고문 도구를 조사했다. 그리고 그는 감옥에 있는 죄수를 방문했다. 죽어 가는 한 여자는 남편에게 독을 먹여 3년째

감옥에 갇혀 있다. 겐테는 한국인은 중국인만큼 잔인하지 않다고 결론지었다.[10]

몇 주를 기다린 후 마침내 배가 북쪽에 나타났다. 겐테 박사는 급히 가방을 싸고 목사와 이별의 선물을 주고받았다. 그러나 배는 일본군 전함이었고 제주에는 정박하지 않았다. 이 순간 제주를 떠나려는 겐테의 기대는 자포자기에 이르렀다. 유배의 섬은 그에게도 감옥이 되었다. 그는 조그만 어선을 타고 떠나기로 결심했다. 모든 사람이 이 계획에 반대했다. 겐테 박사는 선주에게 거액을 지불하여 선박을 빌린 후 많은 밀항자들을 내리도록 하고 높고 험한 바다로 떠났다. 그러나 폭풍과 파도는 이 배를 거의 난파시켜 간신히 제주로 돌아올 수 있었다. 겐테 박사는 배를 수리하고 나서 평소와 다름없이 다시 항해를 시도하기로 결심했다. 오랜 바다에서의 경험을 되돌아보며 그는 자신의 일기에 제주로부터 갑판 없는 조그만 배를 탔던 여행을 "(작은 판자로 바다에서의 죽음을 피한) 궁극의 스릴이었다."(Genthe, 1905: 337)라고 적었다.

겐테는 두 번째 섬을 떠나려는 시도에서 다시 배에 타고 있는 많은 사람 중 몇 명을 제외하고는 모두 내리게 했다. 이들도 모두 겐테처럼 제주를 떠나고 싶어 하는 사람들이었다. 한 사람은 반도에서 받지 못한 돈을 수금하러 제주로 온 찻집 여주인이었다.

바다로 얼마 나가지 않아 날씨는 급작스레 바뀌었고, 이번에는 배가 멈추었다. 겐테 박사는 스스로 노를 잡고 저었다. 곧이어 바람이 적당히 불어 어느 정도 앞으로 나아갔다. 그러나 그때 또 다른 고요가 찾아와 30시간 정도

---

10) 중국 죄수들에 대한 설명과 겐테 시기 죄수의 취급에 대한 이야기는 Bone(1906)을 참고하라.

지속되었다. …

결론

결국 겐테는 육지에 도착하는 데 성공했고, 이후 또 다른 모험을 향해 한국을 떠났으나 이번에는 운명의 모험이 되었다.

겐테 박사가 실제로 제주에서 성취한 것은 무엇일까? 그에게 가장 중요한 것은 "어떤 백인도 전에 하지 않았던 이 특이한 해양 화산섬을 등산하고, 그림 그리고, 사진을 촬영하고 측량을 했다"(Genthe, 1905: 343)는 개인적 만족을 얻었다. 이제 겐테 박사의 생생한 그리고 유익한 제주도 경관의 기록은 의심할 바 없이 그의 독자들로부터 영원히 인정을 받을 것이다.

참고문헌

Anderson, Malcom P., 1914, "Forty Days in Quelport Island," *Overland Monthly*, New Series, 63, 392-401.

Belcher, Sir Edward (Captain), 1848, *Narrative of the Voyage of H.M.S. Samarang, During the Years 1843-1846*, London: Reeve, Benham, and Reeve, Two volumes.

Bone, C., 1906, "Chinese Prisons and the Treatment of Prisoners," *East of Asia Magazine*, 5, 282-291.

Carlson, Alvar W., 1980, "Geographical Research on International and Domestic Tourism," *Journal of Cultural Geography*, 1(1), 149-160.

Chaille-Long, Colonel C., 1890, "From Corea to Quelpart Island: In the Footsteps of Kublai Khan," *Bulletin (Journal) of the American Geographical Society*, 22(2), 218-266.

Cheju City, 1980, *Cheju T'onggye Yonbo 1980 (Cheju Statistical Yearbook)*.

Cho, Haejong(조혜정), 1979, *An Ethnographic Study of a Female Driver's Village in Korea: Focused on the Sexual Division of Labor,* Unpublished Ph.D. dissertation, Department of Anthropolgy, University of California, Los Angeles.

Fujino, Yukio, 1971, *Union Catalog of Books on Korea in English, French, German, Russian, etc.,* Tokyo: International House of Japan Library.

Fussell, Paul, 1980, *Abroad: Literary Travelling Between the Wars,* New York: Oxford University Press.

Genthe, Siegfried, 1905, *Korea; schilderungen von dr. Siegfried Genthe (Korea; Travel Account of Dr. Siegfried Genthe),* George Wegener (Ed.), Berlin: Allgemeiner verein fur deutche literature.

Genthe, Siegfried, 1906, *Morokko; reiseschilderungen von dr. Siegfried Genthe (Morocco; Travel Account of Dr. Siegfried Genthe),* Georg Wegener (Ed.), Berlin: Allgemeiner verein fur deutche literature.

Genthe, Siegfried, 1907, *Samoa; reiseschilderungen von dr. Siegfried Genthe (Samoa; Travel Acoount of Dr. Siegfried Genthe),* Georg Wegener (Ed.), Berlin: Allgemeiner verein fur deutche literature.

Goncharov, Ivan Aleksandrovich, 1957, *Fregat "Pallada,"* Moscow: Gos. Izd-vo geografischeskoi lit-ri.

Hendricks, King and Irving Shepard (Eds.), 1970, *Jack London Reports,* Garden City, New York: Doubleday & Company, Inc.

Heydrich, M., 1931, *Koreanische Landwirtscheft: Beitrage zur Volkerkunde von Korea I (Korean Farming: Contributions to the Ethnology of Korea I),* Dresden Museen fur Tierkunde and Volkerkunde, Abhandlungen and Berichte 19, 1-44.

Hulbert, H. B., 1905, "The Island of Quelpart," *Bulletin of the American Geographical Society,* 37(1), 396-408.

Jung, Yong-Hwa(정영화), 1977, "An Archeological Study of Cheju-do; Emphasis on Newly Discovered Sites and Remains," *Korean Cultural Anthropology,* 9, 131-136.

Kim, Sok Ik(김석익), 1976, "T'amna Kinyon (History of T'amna)," In Ko Bong Sik (ed.), *T'amna Muhon Chib (A Collection of Literature on T'amna),* Cheju City,

Korea: Cheju Education Office.

Lautensach, Dr. Hermann, 1945, *Korea,* Leipzig: K. F. Koehler Verlag.

Lear, Edward, 1870, *Journal of a Landscape Painter in Corsica,* London: Robert John Bush.

Ledyard, Gari, 1971, *The Dutch Come to Korea,* Seoul, Korea: Royal Asiatic Society and Taewon Publishing Company.

Pieters, A. A., 1905, "A Visit to Quelpart," *Korea Review; A Monthly Magazine*, 5 (May -June), 172-179; 215-219.

Sands, William Franklin, 1930, *Undiplomatic Memories: The Far East 1896-1904*, New York: Whitlessey House.

이 책은 미국 털리도대학교 지리학과 네메스 교수가 젊은 시절 미국 평화
봉사단원으로 그리고 후속 제주에서의 경험과 연구 성과를 2006년 제주에
서 개최된 국제섬학회를 위해 정리한 것이다. 그는 1984년 UCLA 지리학과
에서 박사 논문으로 제주도 신유가 경관을 다루었다. 그에게 박사 학위 주
제를 선택한 이유를 묻자, 제주도는 1970년대에 가난한 지역이어서 자신이
봉사단으로 왔는데 비행기에서 내려다본 제주의 첫인상은 놀라웠다고 했
다. 비행기 아래로 보이는 밭 중간중간의 묘지는 농지도 부족한 제주도에서
왜 그곳에 있을까 하는 의아심을 일으키며 비합리적이라 생각했다고 한다.
제주 생활에서 그의 궁금증은 주민들의 믿음이 실천으로 표출된 모습으로
이해되고, 제주가 개발기를 맞으면서 이들이 사라져 가는 것에 안타까움을
느껴 이를 다루고 싶었다고 한다.

이 책은 네메스 교수가 1970~1980년대 제주에서 조사 연구한 내용을 담
고 있으며, 더불어 제주를 방문한 외국인들의 기록과 안목을 정리하여 제주
가 해외에 처음으로 알려진 모습을 살필 수 있게 해 준다. 이 책을 번역하면
서 네메스 교수가 제주를 제주인보다도 사랑한 사람이 아닐까 생각해 보았
다. 그와 유사한 시기에 외국인으로서 제주를 사랑한 사람으로 제주대학교
에서 가르치다 후일 미로공원을 만든 더스틴, 가난한 제주를 위해 헌신한

맥그린치 신부 등을 언급하지 않을 수 없다. 제주의 가치를 찾아내고 사랑한 사람들에 비해 우리는 얼마나 그리고 어떻게 제주를 사랑해야 하는지 생각해 볼 필요가 있다. 제주를 정말 사랑하는 마음은 어떠해야 할지를 고민해 보게 하는 이 책은 또 한 차례의 개발 열풍이 불고 있는 지금 새로이 읽힌다.

이 책이 번역되어 많은 사람이 읽을 수 있도록 도움을 준 제주학연구센터, 제주 문화 이해의 부족함을 일깨워 주며 오류를 잡아 준 여러 전문가, 그리고 푸른길의 출판에 감사를 드린다.

2019년 11월

제주에서 역자 권상철